Flash

二维动画设计教程

全国高等院校艺术设计应用型创新教材

Flash
Two-Dimensional
Animation Tutorials

李铭超　李鸿明　编著

U0353879

中国电力出版社
CHINA ELECTRIC POWER PRESS

内容提要

本书是全国高等院校艺术设计应用型创新教材。书中以动画制作为主线，从各种动画图形、角色、场景的绘制到几种动画制作的模式进行了一一讲述，并辅以简洁的案例进行说明。每个案例均有详细的操作步骤，有助于学生快速掌握Flash软件在动画制作中的应用。全书共分七章，包括Flash绘图基础、Flash动画类型、动画元件、综合实战、Flash编程实例、网络中的Flash动画应用、Flash动画的发布。本书适合学习Flash的初、中级读者，既可作为Flash动画制作人员理想的参考书，又可以作为大中专院校及社会培训机构计算机动画及相关专业的教材。

图书在版编目（CIP）数据

Flash二维动画设计教程／李铭超，李鸿明编著. —北京：
中国电力出版社，2013.10
　全国高等院校艺术设计应用型创新教材
　ISBN 978-7-5123-4850-9

Ⅰ.①F⋯ Ⅱ.①李⋯ ②李⋯ Ⅲ.①动画制作软件－高等学
校－教材 Ⅳ.①TP391.41

中国版本图书馆CIP数据核字（2013）第195939号

中国电力出版社出版发行
北京市东城区北京站西街19号　　　100005　　http://www.cepp.sgcc.com.cn
责任编辑：王　倩
责任校对：太兴华　　　责任印制：蔺义舟
北京盛通印刷股份有限公司·各地新华书店经售
2013年10月第1版·第1次印刷
889mm×1194mm·1/16·8印张·256千字
定价：49.80元

前 言

Flash 动画设计与制作是一门兼顾艺术性与技术性的课程，没有绘图功底的学生难以制作出画面精美的动画，而没有技术功底的学生难以理解软件中各种动画技术的应用。因此，本书的出发点是找到一种方式，帮助学生将艺术性和技术性融为一体，快速有效地制作出集艺术性与技术性于一体的动画。

本书以动画制作为主线，从各种动画图形、角色、场景的绘制到几种动画制作的模式一一讲述，并辅以简洁的案例进行说明。每个案例均有详细的操作步骤，有助于学生快速地掌握 Flash 软件在动画制作中的应用。

本书内容安排如下：

绪论部分介绍了动画的基本概念、分类及基本制作流程。

第一章首先介绍了 Flash 绘图基础，在讲解绘图环境与绘图工具使用的基础上，辅以三个案例进行讲解，帮助读者掌握角色与自然环境的绘制。

第二章分五节介绍了 Flash 基本的动画类型。

第三章介绍了 flash 中的三种动画元件及它们的使用技巧。

第四章通过几个较为复杂的综合性案例来提高读者制作较为复杂动画的能力。

第五章通过几个案例介绍 Action Script 3.0 的基本使用。

第六章通过几个案例介绍 Flash 动画在网络中的应用。

第七章介绍了动画完成之后详细的发布设置。

读者对象：

本书适合学习 Flash 的初、中级读者，既可作为 Flash 动画制作人员理想的参考书，又可作为大中专院校及社会培训机构计算机动画及相关专业的教材。本书中的案例由易到难、循序渐进，对普通 Flash 动画爱好者来说，也是很好的自学参考书。

本书主要由李铭超、李鸿明编写，此外，王超英参与编写了本书的第五章，张荣参与编写了本书的第三章，汤天然参与了本书的图片整理工作，深圳职业技术学院动画学院余伟浩参与了本书的校对工作。书中如有错误及不足之处，敬请读者批评指正。欢迎读者发送邮件至744750398@qq.com 或 15015229977@163.com 进行交流。

在此，特别感谢中国电力出版社责任编辑王倩女士的热心帮助，感谢东莞职业技术学院计算机工程系系主任胡选子教授、邹利华副教授以及艺术设计系主任何风梅教授对本书编写的大力支持！

目 录

0.1 基本概念

0.1.1 动画的含义

何谓"动画"？关于动画的定义，至今众说纷纭，尚无定论，尤其是随着科技的发展，动画越来越多样化。过去常说的"卡通"片，是英语的音译（Catoon），即"动画影片"，动画影片是用图画表现某些情节和某一形体运动过程的一种影片，把许多张有连贯性动作的图画衬以所需的背景，连续放映，在银幕上便产生了活动的影像。北京电影学院教授孙立军认为：动画（Animation）一词，源于拉丁文字源anima，是"灵魂"的意思，而animare则指"赋予生命"，因此animate被用来表示"使……活动"的意思。金辅堂认为：动画是以各种绘画形式为表现手段，用笔画出一张张不动的但又是逐渐变化的画面，经过摄像机逐格拍摄，然后以每秒24格的速度连续放映，使画面动作在银幕上活动来。国际上被广泛认可的是国际动画组织（ASIFA）在1980年南斯拉夫的Zagcb（今天的克罗地亚首都）会议中心对动画一词下的定义：动画艺术是指除使用真人或事物造成动作的方法之外，使用各种技术所创造出的活动影像，即以人工的方式所创造的动态影像。

0.1.2 动画的起源及发展

动画起源于人类用绘画记录和表现运动的愿望，随着人类对运动的逐步了解及技术的发展，这个愿望成为可能，并逐步发展成为一种特殊的艺术形式。早在远古时期，人类就有了用原始绘画形式记录人和动物运动过程的愿望，现存的资料表明，这种尝试可以追溯到距今两三万年前的旧石器时代。在西班牙北部山区的阿尔塔米拉洞穴石壁上画着一头奔跑的野牛中可以看出，该野牛除了其形象丰满、逼真外，更耐人寻味的是这头野牛的腿被重复地画了几次，这就使牛原本静止的形象产生了视觉动感。类似的还有法国拉斯卡山洞中"奔跑中的马"以及意大利文艺复兴时期达·芬奇的人体比例图，两图都通过强调某一部位的比例，使其在视觉上移动起来。早在1872年，法国人端安得自制了一台设备，一个能转动的圆盒，它由能旋转的圆筒形盒子组成。当盒子旋转时，连续的画面就会进入人的视线；其后许多年他一直致力于该设备的改进，终于在1888年10月，瑞安得在自己家中做投影试验，放映了一部名叫《一只小鹿》的影片，最初的动画片雏形就这样诞生了，瑞安得便被称为动画技能上的"动画艺术之父"。

0.2 动画艺术的特征及分类

0.2.1 动画艺术的特征

动画片属于电影范畴，电影与美术是两种不同的艺术形式，所以美术创作和动画片创作的艺术思维有共性也有区别。各种艺术形式的美学理论有其共同性和普遍性，但动画片不同于其他艺术形式，它有着单一的固有的美学特征，动画片的美学特征是多样且多变的。即除了拥有美术本身的美学特征、电影的美学特征外，还有戏剧、音乐、舞蹈等其他艺术形式的美学特征，因而是一种综合的艺术特征。动画的艺术特征分为四个方面：假定性、制作性、综合性、抽象性。

1. 假定性

动画影像是艺术家创造出来的视觉形象，在面对观众之前完全是动画创作者的假设，即创作过程是假定性设想，包括形象假设、动作假设、表情假设、环境假设、声音假设等。动画电影中的空间是非现实的，是靠画出来或制作出来的空间来假定的；动画电影中的时间观念与实拍电影不同，其中每一个镜头、每一个动作都与现实中的时间不同，这是时间的假定性。相对传统的纯粹动画而言，动画电影中的角色是非现实的，不是以真人实物而是以胶片上的影像来吸引观众的，这不包括真人动画合成的影片，因此又形成了它的角色假定性。

2. 制作性

动画片有很强的制作性，这种制作性本身就具有很高的审美价值。比如制作精致的木偶与剪纸等，其本身就是艺术品，把这些艺术品再组成另一种艺术形式，也就是制作成动画片，能给观众带来制作材质与制作工艺产生的美感，而这种材质与制作工艺又强调了动画片的假定性，使动画片具有了特殊的审美艺术价值。

3. 综合性

动画片融合了空间艺术和时间艺术，它吸收了文学、绘画、雕塑、建筑、音乐、戏剧等多种艺术元素。它们之间互相吸收、互相融合，这种吸收和融合不是简单的拼凑和混合，而是经过改造后，形成动画片自身新的特性。它能让观众同时领略文学、绘画、音乐、戏剧等诸元素各自带来的审美感受，同时还能感受到这些元素综合后带来的特殊审美感受，让观者获得更大的享受，体会更多的艺术价值。

4. 抽象性

这是动画特有的美学特征，它可以用假定的抽象的点、线、面来表现主体意趣，进而追求象外之意的美学特征。很多抽象性的动画作品会用色彩、线条及适当的音乐来表达创作者的意图。艺术实验的动画片中，尤其能感受到这一点。这种超乎具体物象的图形、线条与音乐表现出了更多"故事"之外的感受，所以有许多艺术家把这看成是动画片的真正本质和灵魂。

0.2.2　动画的分类

随着科技的发展以及人们的需求，动画被应用得越来越广泛。从制作技术和手段看，动画可分为以手工绘制为主的传统动画和以计算机为主的数字动画。

1. 传统动画

传统动画（Traditional Animation），也被称为"经典动画"，"赛璐珞动画"或者是"手绘动画"，是一种较为流行的动画形式和制作手段。20世纪时，大部分的电影动画都以传统动画的形式制作。传统动画表现手段和技术包括全动作动画（Full Animation）、有限动画（Limited Animation）、转描机技术（Rotoscoping）等。如动画片《猫和老鼠》（图1），在动作上你可以注意到它们的动作比有限动画的动作来得丰富，但动作的速度却非常快，那是因为他们经常用八格来画动画。有限动画系列的代表公司是美国联合制片公司（United Productions of America, UPA），

图1

其创始人是1941年迪斯尼动画厂罢工事件后，离开迪斯尼的动画师们。

2. 数字动画

计算机动画又叫CG，是借助计算机来制作动画的技术。计算机的普及和强大的功能革新了动画的制作和表现方式。由于计算机动画可以完成一些简单的中间帧，使得动画的制作得到了简化，这种只需要制作关键帧（keyframe）的制作方式被称为pose to pose。计算机动画也有非常多的形式，但大致可以分为二维动画和三维动画两种。

（1）二维动画也称为2D动画，是借助计算机2D位图或矢量图形来创建修改或编辑的动画。其制作上和传统动画比较类似。许多传统动画的制作技术被移植到计算机上，比如渐变、变形、洋葱皮技术、转描机等。二维电影动画在影像效果上有着非常大的改进，但制作时间上却相对以前有所缩短。现在的2D动画在前期上往往仍然使用手绘，后扫描至计算机或者是用数写板直接绘制作在计算机上（考虑到成本，大部分二维动画公司采用铅笔手绘），之后用计算机对作品进行上色的工作。而特效、音响音乐效果、渲染等后期制作则几乎完全是使用计算机来完成的。一些可以制作二维动画的软件包括Flash、After Effects、Premiere等，迪斯尼20世纪90年代开始用计算机来制作2D动画，并把以前的作品重新用电脑进行了上色。

（2）三维动画也称为3D动画，是基于3D计算机图形来表现的。不同于二维动画，三维动画提供的三维数字空间利用数字模型来制作动画。这个技术有别于以前所有的动画技术，其给予动画者更大的创作空间。精确的模型及照片质量的渲染使动画的各方面水平都有了新的提高，也使其被大量地用于现代电影之中。3D动画几乎完全依赖计算机制作，在制作时，大量的图形工作会因为计算机性能的不同而不同。3D动画可以通过计算机渲染来实现各种不同的最终影像效果。包括逼真的图片效果，以及2D动画的手绘效果。三维动画主要的制作技术有建模、渲染、灯光阴影、纹理材质、动力学、粒子效果（部分2D软件也可以实现）、布料效果、毛发效果等。

（3）使用位图或矢量图的动画。网络动画基本上是以矢量图形为特征的动画形式。互联网上主流的格式是位图Gif与矢量Flash的网络动画，网络动画作为发布在互联网的一种动画形式，通过Flash等技术的制作和发布，把传统的动画艺术形式展现到千千万万个电脑屏幕上，使无数人通过电脑屏幕这个界面观看到不同的动画，改变了以往只能在电视与电影看动画的局面。因此，网络动画图像清晰，效果显著，并且文件尺寸很小，文件传播速度快，适合网络传播。网络动画继承了传统动画的表现形式，除了在视觉与知觉上满足了人们对信息的理解和接受外，更重要的是突破了传统媒介在时间和空间上对人的限制，给观众更多的控制力和自由，让其主动地参与到动画的观看过程中，形成信息的往动交流。

0.3 动画制作基础知识

0.3.1 与动画片相关的一些基本概念

（1）故事板：也叫分镜头设计，它是动画片构架故事的方式，即未来影片形象化的呈现方式。内容包括镜头外部动作方向、视点、视距、视觉的演变关系；镜头内部画面设计，即时间、景别、构图、色彩、光影关系及运动轨迹；文字描述，即时间、动作、音效、镜头转换方式及拍摄技巧。

（2）造型板：也叫造型设计，它是动画片制作的演员形象，所以要求提供完整形象的各种元素，如各种角度的转面图、比例图、结构图、服饰道具分解以及细节说明图像等。

（3）规格框：是按照传统银幕比例制作的用来限定拍摄范围的格式，每一个镜头都要提供准确的规格框才能进行拍摄，一般来讲在设计镜头画面时就要确定拍摄规格的大小。

（4）摄影表：用来描述动作时间、画面层次关系和拍摄方法的表格。

（5）设计稿：用来表达镜头影像基本构成的设计图，也可称为施工图，是动作设计和背景艺术家创作的基础，也是导演用来经营摄影表的形象和空间参照依据，其中包括规格框、背景线图、动作线图、人景交切线、运动轨迹、视觉效果提示等。

（6）原画与动画：原画也称为关键动画，是创造性表现动作的好方法。它能有效地控制动作幅度，准确具体地描述动作特征，其中包括描述动作变化的空间形态的运动轨迹、描述原画与原画之间简便过程节奏变化的示意图表"速度尺"（画在原画右上侧边）。

另外原画顺序号码外要加圆圈；第一张原画上要注明镜头号。动画是用来填补原画与原画之间的过程动作画面。

（7）格数与动画时间换算：格数用来表示胶片上的每一个单独画面，即每一尺胶片包含16个片格，放映机运行的速度是每秒钟24格画面，动画时间的掌握是依据这一固定播放速度进行估算的。动画从每秒24张不同画面的渐变到每秒12张不同画面的渐变之间的区别是：前者每张画面排一格，后者是每一张画面拍摄两格，这一进步依据的视觉原理——人的视觉记忆可以在视网膜上滞留0.1秒，按照每秒24格计算，0.1秒等于2.4格，也就是说每两格画面之中的一格有可能被视觉滞留现象所忽略，所以同一张画面拍两个片格是视觉感受运动时所能够允许的，并且不会影响动作过程的流畅感。

（8）动画时间分配：动画速度和节奏是由一系列不同瞬间动作变化的画面之间的距离和每张动画的拍摄格数来确定的，即如何分配一个动作所规定的总时间。一般来讲，在规定时间内动作渐变距离大，每张动画占有的格数少，速度就快，反之则慢。

0.3.2 动画片的基本制作流程

一、传统动画的制作过程

对于不同的人，动画的创作过程和方法可能有所不同，但其基本规律是一

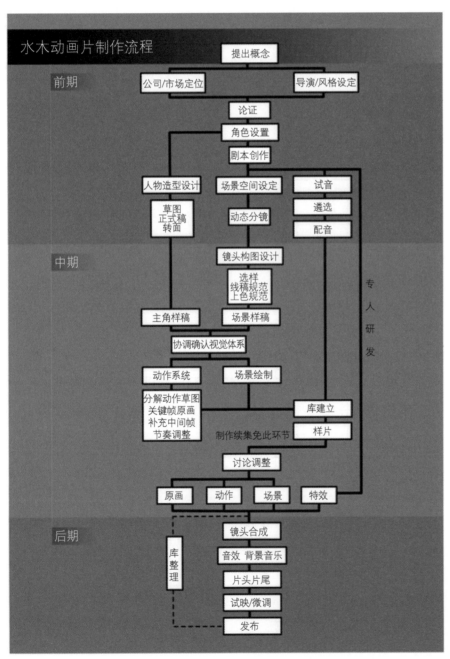

图2

致的。传统动画的制作过程可以分为总体规划、设计制作、具体创作和拍摄制作四个阶段，每一阶段又有若干个步骤，如图2所示。

1. 总体设计阶段

（1）剧本。任何影片生产的第一步都是创作剧本，但动画片的剧本与真人表演的故事片剧本有很大的不同。一般影片中的对话，演员的表演是很重要的，而在动画影片中则应尽可能避免复杂的对话。在这里最重的是用画面表现视觉动作，最好的动画是通过滑稽的动作取得的，其中没有对话，而是由视觉创作激发人们的想象。

（2）故事板。根据剧本，导演要绘制出类似连环画的故事草图（分镜头绘图剧本），将剧本描述的动作表现出来。故事板有若干片段组成，每一片段由系列场景组成，一个场景一般被限定在某一地点和一组人物内，而场景又可以分为一系列被视为图片单位的镜头，由此构造出一部动画片的整体结构。故事板在绘制各个分镜头的同时，作为其内容的动作、道白的时间、摄影指示、画面连接等都要有相应的说明。一般30分钟的动画剧本，若设置400个左右的分镜头，那需要绘制约800幅图画的图画剧本——故事板。

（3）摄制表。摄制表是导演编制的整个影片制作的进度规划表，以指导动画创作集体各方人员统一协调的工作。

2. 设计制作阶段

（1）设计。设计工作是在故事板的基础上，确定背景、前景及道具的形式和形状，完成场景环境和背景图的设计、制作。对人物或其他角色进行造型设计，并绘制出每个造型的几个不同角度的标准页，以供其他动画人员参考。

（2）音响。在动画制作时，因为动作必须与音乐匹配，所以音响录音不得不在动画制作之前进行。录音完成后，编辑人员还要把记录的声音精确地分解到每一幅画面位置上，即第几秒（或第几幅画面）开始说话，说话持续多久等。最后要把全部音响历程（或称音轨）分解到每一幅画面位置与声音对应的条表，供动画人员参考。

3. 具体创作阶段

（1）原画创作。原画创作是由动画设计师绘制出的一些关键画面。通常是一个设计师只负责一个固定的人物或其他角色。

（2）中间插画制作。中间插画是指两个重要位置或框架图之间的图画，一般就是两张原画之间的一幅画。助理动画师制作一幅中间画，其余美术人员再内插绘制角色动作的连接画。在各原画之间追加的内插的连续动作的画要符合指定的动作时间，使之能表现得接近自然动作。

（3）誊清和描线。前几个阶段所完成的动画设计均是铅笔绘制的草图。草图完成后，使用特制的静电复印机将草图誊印到醋酸胶片上，然后再用手工给誊印在胶片上的画面的线条进行描墨。

（4）着色。由于动画片通常都是彩色的。这一步是对描线后的胶片进行着色（或称上色）。

4. 拍摄制作阶段

（1）检查。检查是拍摄阶段的第一步。在每一个镜头每一幅画面全部着色完成之后，在拍摄之前，动画设计师需要对每一场景中的各个动作进行详细的检查。

（2）拍摄。动画片的拍摄，使用中间有几层玻璃层、顶部有一部摄像机的专用摄制台。拍摄时将背景放在最下一层，中间各层放置不同的角色或前景图等。拍摄中可以移动各层产生动画效果，还可以利用摄像机的移动、变焦、旋转等变化和淡入特技上的功能，生成多种动画特技效果。

（3）编辑。编辑是后期制作的一部片。编辑过程主要是完成动画各片段的连接、排序、剪辑等。

（4）录音。编辑完成之后，编辑人员和导演开始选择音响效果配合动画的动作。在所有音响效果选定并能很好地与动作同步之后，编辑和导演一起对音乐进行复制，再把声音、对话、音乐、音响都混合到一个声道上，最后记录在胶片或录像带上。

传统的动画制作，尤其是大型动画片的创作，是一项集体性劳动，创作人员的集体合作是影响动画创作效率的关键因素。一部长篇动画片的生产需要许多人员，有导演、制片、动画设计人员和动画辅助制作人员。动画辅助制作人员是专门进行中间画面添加工作的，即动画设计人员画出一个动作的两个极端画面，动画辅助人员则画出它们中间的画面。画面整理人员把画出的草图进行整理，描线人员负责对整理后画面上的人物进行描线，着色人员把描线后的图着色。由于长篇动画制作周期较长，还需专职调色人员调色，以保证动画片中某一角色所着色前后一致，此外还有特技人员、编辑人员、摄影人员及生产人员和行政人员。

二、二维电脑动画制作

一般来说，按电脑软件在动画制作中的作用分类，电脑动画有电脑辅助动画和造型动画两种。电脑辅助动画属二维动画，其主要用途是辅助动画师制作传统动画，而造型动画则属于三维动画。二维电脑动画制作，同样要经过传统动画制作的四个步骤。不过电脑的使用大大简化了动画制作工作程序，方便快捷，提高了效率。这主要表现在以下几方面。

1. 关键帧（原画）的产生

关键帧以及背景画面，可以用摄像机、扫描仪、数字化仪实现数字化输入（中央电视台动画技术部是用扫描仪输入铅笔原画，再用电脑进行后期制作），也可以用相应软件直接绘制。动画软件都会提供各种工具，方便绘图。这大大改进了传统动画画面的制作过程，设计人员可以随时存储、检索、修改和删除任意画面。传统动画制作中的角色设计及原画创作等几个步骤，在电脑的辅助下，一步就可完成了。

2. 中间画面的生成

利用电脑对两幅关键帧进行插值计算，自动生成中间画面，这是电脑辅助动画的主要优点之一。其不仅精确、流畅，而且可将动画制作人员从烦琐的劳动中解放出来。

3. 分层制作合成

传统动画的一帧画面是由多层透明胶片上的图画叠加合成的，是保证制作质量、提高效率的一种方法，但制作中需要精确对位，而且受透光率的影响，透明胶片最多不超过4张。在动画软件中，也同样使用了分层的方法，但对位非常简单，层数从理论上说没有限制，对层的各种控制，像移动、旋转等，也非常容易。

4. 着色

动画着色是非常重要的一个环节。电脑动画辅助着色可以消除手工着色的乏味、昂贵之感。用电脑描线着色界线准确，不需晾干、不会窜色、修改方便，而且不因层数多少而影响颜色，着色速度快，不需要为前后色彩有色差而头疼。动画软件一般都会提供许多绘画颜料效果，如喷笔、调色板等，这也很接近传统的绘画技术。

5. 预演

在生成和制作特技效果之前，可以直接在电脑屏幕上演示草图或原画，检查动画过程中的动画和时限，以便及时发现问题并进行修改。

6. 库图的使用

动画中的各种角色造型及它们的动画过程，都可以存在图库中反复使用，而且修改也十分方便。在动画中套用动画，就可以使用图库来完成。

7. 制作商业动画片的方法和程序

动画片生产是许多人参与的工程：包括前期策划人员、中期创作与加工制作人员、后期专业技术人员、协调各工作环节的专职人员等。动画片的生产具有流水作业的性质：前期策划包括选题报告、形象素材筹备、故事脚本、角色与环境设定、画面分镜头初稿、生产进度日程安排图表；中期创作与制作包括分镜头故事版完成稿、对白台本、镜头表、造型设计、场景设计、镜头画面设计、规定动作设计、背景设计、动画、绘景、描线上色、校对；后期技术包括拍摄、印片、剪辑、录音合成、光学印片等。

（1）前期

选题报告：写给投资人和管理机构审批的文案，用最精练的语言描述未来影片的概貌、特点、目的、工艺技术的可能性以及影片将会带来的影响和商业效应（最好附带一个一分多钟的演示片）。

素材筹备：直接素材包括有针对性的写生、照相、录影；间接素材包括相关的图片、音像作品、文字记载等。

故事脚本（文学剧本）：按照电影文学的写作模式创作的文字剧本。要求故事结构严谨，情节具体详细，包括人物的性格、服饰道具以及背景等细节的描述。

画面分镜头设计：画面内容包括镜头调度、场景变化、段落结构、色调变化、光影效果。文字指示包括时间设定、动作描述、对白、音效、镜头转换方式等文字说明（预览，导演与创作人员沟通），如图3、图4所示。

（2）中期（按工作流程）

造型设计：内容——造型设计包括标准造型、转面图、结构图、比例图（其中包括角色与景物的比例、角色与角色的比例、角色与道具的比例）、服饰道具分解图、形体特征说明图。功能——造型设计需要影片制作过程中保持角色想象的一致性，对性格塑造的准确性、动作描绘的合理性都具有指导性作用。

场景设计：场景设计包括影片中各个主场景色彩气氛图、平面坐标图、主题鸟瞰图，景物结构分解图。场景设计的作用很多，其中最主要的功能是给导演提供镜头调度，运动主体调度、试点、视距以及视角的选择、画面构图、景物透视关系、光影变化以及空间想象的依据，同时是镜头画

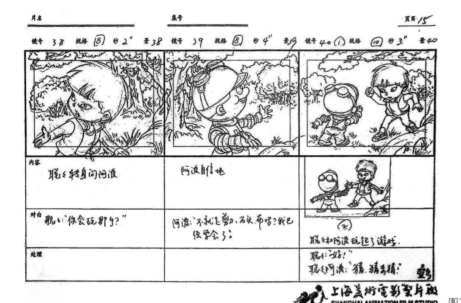

图3

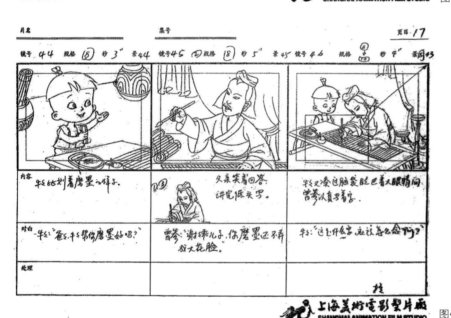

图4

面设计稿和背景制作者的直接参考资料，也是用来控制和约束整体美术风格、保证叙事合理性和情境动作准确性的重要形象依据。

镜头画面设计：镜头画面设计事实上是对分镜头画面故事版的放大，之所以称为"设计"，是因为在镜头放大的同时要思考镜头形态的合理性、画面构成可能性以及空间关系的表现性。其中包括画面规格设定、镜头号码、背景号码以及画稿、活动主线的起点和终点动作以及运动轨迹线索，当活动主体与背景发生穿插关系时要画出交切线，镜头画面设计也可以称为"施工图"。设计稿是一系列制作工艺和拍摄技术的工作蓝图，其中包括背景绘制、原画设计动作时的依据以及思维的线索、画面规格、背景结构关系、空间透视关系、人景交接关系、角色动作起止位置以及运动轨迹和方向等因素，对后面的每一道工序而言都是不可忽视的法则，如图5所示。

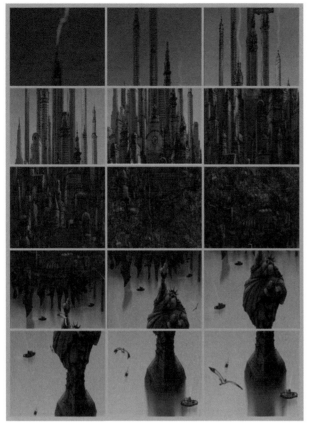

图5

图6

　　摄影表：摄影表内容包括摄影表格上的所有的项目，其中包括产品序号、镜头号码、动作提示、长度、对白、口型、原动画数格、分层关系、背景、拍摄指示，如果是较长的镜头，要写上摄影表页码号序。摄影表现规划是导演的工作，导演拿到设计稿后结合分镜头设计进行的时间和动作的整体规划。摄影表伴随着镜头画面设计稿的始终，可以说其中包含了对每一项工艺的指示和要求，同时也是各个工作环节间的关系联络图，其中记录着导演的全部意图和具体要求，是摄影师操作画面关系和拍摄方式的指示蓝图。

　　原画与动画："原画"也叫做关键动画，其中包括整个镜头内部动作和外部动作设计，原画上面要写清楚序号，标出加动画的密度和标尺、活动主体的关键动作，并用彩色铅笔画出前后动作关系的线索提示。动画是连接原画之间变化关系的过程画面，并且要将顺序号码填写准确，同时要认真读解摄影表的具体要求，尤其是多层动画互相交换层位的动画镜头，动画人员需小心行事。关键动画的作用是控制动作轨迹特征和动态幅度的关键，原画动作设计直接关系到未来影片的叙事质量和审美功能，具有相当的难度，导演能否让塑造的角色具有性格，或者说能否赋予生命的活力，可以说完全靠原画的表现。而"动画"的工作是将原画设计关键动作间的空缺连接起来，这并不意味着简单劳动，动画工作同样是保证动作准确性的不可缺少的工作环节，如图6所示。

　　背景绘制：背景绘制严格按照设计稿规定的景别、角度以及结构框架绘制背景，不可随意进行发挥。绘制背景一定要有摄影机意识，即空间距离意识和镜头关系意识。背景绘制作为未来影片的色调基础和角色活动场所，与动画形象的逼真与否及背景绘制水平有着很大的关系。

　　描线上色：将纸面动画用特制的描线钢笔和墨水描绘在赛璐珞透明胶片上，并且将原动画号码写在胶片的右上方，然后将赛璐珞胶片反过来在背面上色，等颜料干了以后才能收起来。描线上色可以说是原画动画的最后包装，也是运动主体的视觉包装，直接关系到影片的视觉质量，可以说稍有疏忽就会造成前功尽弃的后果。

（3）后期

校对拍摄：动画拍摄之前必须先要进行校对工作，因为前期制作是由许多人分别进行的，虽然是在导演的监督下工作，并且有各种详细周密的蓝图，但也难免会出差错。为了保证拍摄的顺利进行，校对人员的素质要求是非常高的，应为在校对工作中，能够发现问题需要一定的眼力和经验。传统工艺的动画拍摄方式是将校对好的成品按照摄影表的各种指示安放在摄影台上逐格拍摄，有时要做摄影机的上下移动工作，有时要做台面移动，有时还要做透光技术处理，总之拍摄动画不仅要熟悉摄影机的功能，同时要懂得读解摄影表，领会导演意图。

三、动画制作应注意的问题

动画所表现的内容，是以客观世界的物体为基础的，但它又有自己的特点，绝不是简单的模拟。为此，我们就所需要注意的问题加以讨论，以引起大家的重视。

1. 速度的处理

动画中的处理是指动画物体变化的快慢，这里的变化含义广泛，既可以是位移，也可以是变形，还可以是颜色的改变。显然，在变化程度一定的情况下，所占用时间越长，速度就越慢；时间越短，速度就越快。在动画中这就体现为帧数的多少。同样，对于加速和减速运动来说，分段调整所用的帧数，就可以模拟出速度的变化。

一般来说，在动画中完成一个变化过程，比真实世界中的同样变化过程要短。这是动画中速度处理的一个特点。例如，以每秒25帧的速度计算，真人走路时，迈一步需14帧，在动画中就只需12帧来达到同样的效果。这样做的原因有两个：第一，动画中的造型采用单线平涂，比较简洁，如果采用与真实世界相同的处理时间，就会感到速度较慢；第二，为了取得鲜明强烈的效果，动画中的动作幅度需处理得比真实动作幅度夸张些。如果你注意看电视动画片，很快就会发现这一特点。

一个物体运动得快时，你所看到的物体形象是模糊的。当物体运动速度加快时，这种现象更加明显，以致你只看到一些模糊的线条，如电风扇旋转、自行车运动时的辐条等。因此从视觉上讲，你只要看到这样一些线条，就会有高速运动的感觉。在动画中表现运动物体，往往在物体后面加上几条线，就是利用运动感觉来强化运动效果，这些线称之为速度线。速度线的运用，除了增强速度感之外，在动画间隔比较大的情况下，也作为形象变化的辅助手段。一般来说，速度线不能比前面物体的外形长。但有时为了使表现的速度有强烈的印象，常常采取夸张和加强的手法。甚至在某种情况下，只画速度线在运动，而没有物体本身，这也是漫画中的效果用法，如图7所示。

2. 循环动画

许多物体的变化都可以分解为连续重复而有规律的变化。因此在动画制作中，可以先制作几幅画面，然后像走马灯一样重复循环使用，长时间播放，这就是循环动画。

循环动画由几幅画面构成，要根据动作的循环规律来确定。但是，只有三张以上的画面才能产生循环变化的效果，两幅画面只能起到晃动的效果。在循环动画中有一种特殊情况，就是反向循环，比如人物鞠躬的过程，可以只制作弯腰动作的画面，因为循环播放这些画面就是抬起的动作。掌握循环动画制作方法，可以减轻工作量，大大提高工作效率。因此在动画制作中，要养成

图7

使用循环动画的习惯。动画中常用的虚线运动、下雨、下雪、水流、火焰、烟、气流、风、电流、声波、人行走、动物奔跑、鸟飞翔、轮子的转动、机械运动以及有规律的曲线运动、圆周运动等，都可以采用循环动画。但事情总是一分为二的，循环动画的不足之处就是动作比较死板，缺少变化。为此，长时间的循环动画，应该进一步采用多套循环动画的方式进行处理。

3. 夸张与拟人

夸张与拟人是动画制作中常用的艺术手法。许多优秀的作品，无不在这方面有所建树。因此，发挥你的想象力，赋予非生命以生命，化抽象为形象，把人们的幻想与现实紧密交织在一起，创造出强烈、奇妙和出人意料的视觉形象，才能引起用户的共鸣、认可。实际上，这也是动画艺术区别于其他影视艺术的重要特征。

第一部分
Flash动画基础

第一部分分为三个章节。第一章从绘图方面对绘制图形、场景、角色的技巧和组织图形的思路进行介绍。只有掌握了绘制图形的技巧，才能快速准确地绘制出想要的图形。只有掌握了组织图形的方法，才能在绘制图形后方便快速地通过修改图形，产生动画。第二章具体讲述了flash中形成动画的几种方式。第三章中讲述了Flash动画中的元件原理与制作。

第一章

Flash绘图基础

1.1 绘图环境及其设置

当我们从桌面或者操作"开始——所有程序——Adobe Flash cs4"打开Flash CS4程序的时候，我们将会进入到一个启动界面（图1-1）：

在这个界面中，我们可以选择Flash文件（Action Script 3.0）或者之前版本的Flash文件（Action Script 2.0）。Action Script是Flash软件内置的脚本语言，可以通过使用编程的功能来实现动画的交互功能。这两个版本语言之间的区别在于：2.0版本更适合制作特效，而3.0版本的则更适合用于制作Flash网页。我们的目标是制作Flash二维动画，和它们的关系不大。由于本书后面有涉及特效的内容，建议选择AS2.0版本的文件来新建。

新建文件之后，将进入下面这个默认的工作界面。界面的切换，可以通过"窗口——工作区——子菜单选择"来完成。习惯之前版本的朋友可以选择"窗口——工作区——传统"进入到一个和Flash8较为相似的界面（图1-2）。

下面我们在传统界面中来介绍工作界面的组成（图1-3）。

从图中来看，我们可以将工作界面大体分成以下几个部分，现对其功能作简要说明。

第一部分：菜单区和工具箱。

菜单区可以囊括Flash软件的各种命令和功能，可以通过点击菜单和子菜单来找到相应的命令。但是其寻找和切换需要具有较高的熟练程度。

工具箱里放置了许多常用的创建和修改图形的工具，读者在下面的学习中会逐渐掌握它们。

第二部分：图层管理区、图层控制区、时间轴和帧控制区。

和其他二维、三维软件一样，Flash软件同样有图层管理工具，图层为复杂图形的绘制、复杂动画的制作提供了便利。图层管理区有创建图层、创建图层文件夹、删除图层和图层文件夹三个命令。图层控制区包括编辑

图1-1

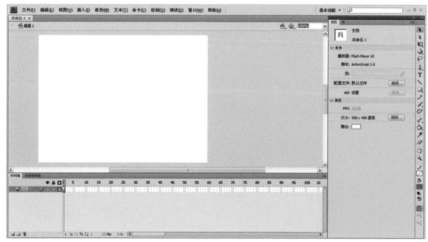

图1-2

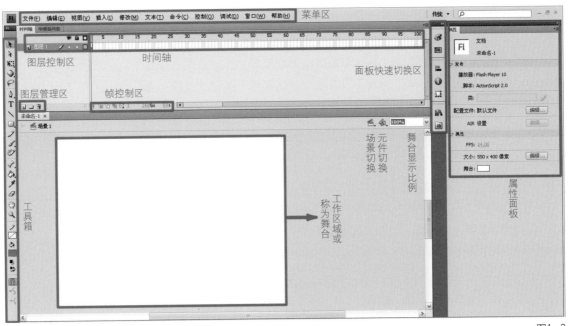

图1-3

状态指示、显示与隐藏、锁定与解锁（锁定图层后将不能选择与编辑），图层显示为边框。

时间轴是二维、三维动画软件才有的功能。时间轴将一个个帧从左到右成队列排放在里面，每一帧对应了动画里的一幅画面，时间轴的设置便于动画制作者制作、观看和修改每一帧的画面。帧控制区放置的是显示和编辑不同帧里图形的切换功能键。

第三部分：舞台、舞台显示比例切换、场景切换、元件切换。

所谓"舞台"就是动画制作者工作的场所，也是动画成片后观众最后所能看到的区域。舞台显示比例将舞台区域（视图中的白色区域）进行一定比例的缩放，以达到便于编辑和观察图形的目的。

一个动画作品中可以有不同的场景，最后将不同场景串联起来形成动画。场景切换按钮实现的就是在不同场景中游走的功能。有些时候我们将某些需要重复使用的图片或者动画片段处理成元件，以便于重复使用。元件切换按钮实现的是在不同元件内部切换的功能。

第四部分：面板快速切换区和属性面板。

面板快速切换区将几个比较常用的面板打开和关闭按钮放置在一起，比如说颜色面板、对齐面板、变形面板、库面板等。这几个面板会经常用到，一直打开占据了工作的空间，而每次从菜单调出又嫌操作麻烦，以这样一种按钮的方式集中放置在一起是一种节省空间和操作的"折中"之道。这也是现在很多Adobe软件界面设计采取的方式。

在执行不同的操作时，属性面板的内容会有所变化。比如说在空白处单击时，属性面板显示的是文件长宽、播放速度等信息。而选择形状的时候，显示的是形状的线条宽度、颜色、内部填充颜色等信息。总之，显示的是当前对象的一些基本信息，并且可以在属性面板进行修改。

注意：所有面板都可以在窗口菜单下面打开或者关闭。有些面板上的并列横排的两个三角按钮可以实现面板放置方式（折叠与展开）的变换。

1.2 图形绘制与编辑

所谓"动画"，其实质是一幅幅连续的画面的播放。所以，制作动画的本质，就是制作一幅幅连续的画面。在这里包括了两个关键的步骤。第一是绘制图形，即画面；第二是将不同的图形组织起来，按照一定的顺序播放。

因此，绘制图形是制作动画的第一步。在Flash的工具箱中，所有工具都是和绘图相关的。现为大家介绍如下。（图1-4）

从上面内容来看，Adobe公司的软件设计人员已经按照使用功能的方式对工具进行了分类，其中右下角有小三角形的表示含有隐藏工具图标，在当前图标上点击鼠标左键，按住不要释放，将弹出隐藏工具图标。

第1排工具属于图形选择工具与变形工具，（从左到右）包括选择工具、部分选择工具、任意变形工具、3D旋转工具（3D平移）工具、套索工具。

第2排工具属于绘制工具，包括钢笔工具（添加锚点工具、删除锚点工具、转换锚点工具，括号内的是隐藏工具图标），文本工具、线条工具、矩形工具（椭圆工具、基本矩形工具、基本椭圆工具、多角星形工具）、铅笔工具、刷子工具（喷涂刷子工具）、Deco工具。

第3排工具主要是填充、擦除颜色工具，还包括新添加的骨骼工具、绑定工具。从左至右依次是骨骼工具（绑定工具）、颜料桶工具（墨水瓶工具）、滴管工具、橡皮擦工具。

第4排是视图控制工具，依次是视图平移工具，视图缩放工具。

第5排是线条颜色设置工具（对应墨水瓶工具）、线条内部填充颜色设置工具（对应颜料桶工具）、设置为默认黑白颜色工具、线条颜色和填充颜色转换工具。

第6排是每个工具的选项工具，选择不同工具的时候具有不同的状态。

下面介绍一些绘制的具体案例，在这些案例的制作过程中，将会具体讲解涉及工具的用法。

案例（了解线条工具、矩形工具、选择工具、直接选择工具的用法）

首先观察下面这两个效果，思考如何使用这几个工具画出来（图1-5～图1-8）。

树叶图形的绘制步骤

步骤1：选择线条工具，在舞台左上角某点点击鼠标左键，先别释放，拖动至右下角某点，释放。一条直线创建出来了（线条工具的用法：点击左键，拖动，释放，完成）。

注意：选择了线条工具的时候，位于工具面板第6排的选项会变成线条工具的选项。其中，第一个选项对象绘制⊙请不要点击。如果点击了此选

图1-4

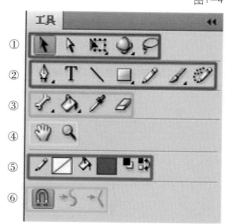

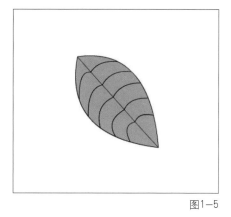

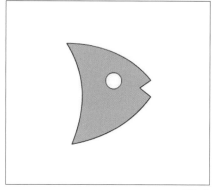

图1-5　　　　　　　　　　　　　　　　　　　　　　图1-6

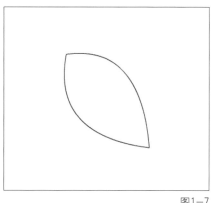

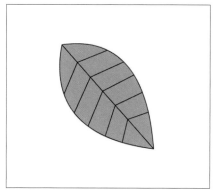

图1-7　　　　　　　　　　　　　　　　　　　　　　图1-8

项，绘制出来的线条将会成为一个独立的对象而无法和其他的线条形成封闭的线条，也无法对封闭的线条内部进行填充。

步骤2：选择选择工具 ▶，由远处逐渐向已经绘制的直线中部靠近，直到鼠标变化成为：▶。点击左键，并拖动到合适的位置。这时线条中部随着鼠标左键移动，线条由直线变为曲线。

步骤3：使用同样的方法，绘制出树叶下部的曲线，两条曲线形成封闭的线条，如图1-7所示。

步骤4：鼠标左键点击工具箱第5排油漆桶右边的颜色设定图标，弹出颜色样本面板，在里面选定一个合适的颜色。选择工具箱第3排的颜料桶工具，在封闭的线条内部点击鼠标左键，线条内部将填充选定的颜色。

步骤5：在填充的图形内部，使用线条工具，逐次画出如图1-8所示直线。

步骤6：使用与步骤2同样的方法，将内部直线修改为曲线，得到最终结果。

案例小结：在这个案例中，我们学习到了在Flash中创建直线、曲线的常用方法，并且学会了怎么创建出封闭的线条和填充封闭的线条。

案例补充知识：对象绘制选项

不管是封闭的还是不封闭的图形绘制工具，很多工具都有对象绘制选项。这个选项在Flash绘图中有很重要的作用。如果不是用此选项，所有的图形将会绘制在舞台上的最底层（注意和图层不同，同一图层中的图形仍然有上下的层次关系）。而使用了对象模式绘制的图形，即使在同一图层中，仍然是互相遮挡，位于其他图形下层的图形不会消失。没有使用此选项的图形都位于同一层次，如果移动一个图形，覆盖到其他图形上，其实质是删除了其他图形，并对该位置进行了重新填充。请在舞台上分别绘制对象模式和非对象模式的方形，然后在它们内部绘制不同颜色的非对象模式的圆形，分别移开圆形，体会对象模式和非对象模式的不同之处。

了解了对象模式和非对象模式之后，观察鱼头效果图，思考如何绘制出这样的效果。

案例：鱼头绘制（掌握对象模式与非对象模式的绘制，选择工具如何编辑线条端点，如何使用钢笔工具增加锚点、删除锚点和转换锚点。）

步骤1：选择绘制矩形工具，在舞台上由左上角至右下角拖动创建出一个接近正方形的矩形（在颜料桶颜色设定面板设定一个合适的颜色，填充给矩形）。

步骤2：用鼠标左键点击钢笔工具，按住不要释放，直到弹出隐藏的其他工具。在其中选择增加锚点工具 🖋。在矩形右边线条中部点击一下，增加一个锚点。现在矩形变成了五边形（图1-9）。

步骤3：使用选择工具，将它移动到五边形的线条端点附近，直到鼠标变成 ▶，这时，点击鼠标左键并拖动，可以移动线条端点的位置，确定之后释放鼠标左键。反复修改五边形端点位置，直到变成图1-10所示的形状。

案例补充知识：选择工具的三种用途

选择工具有三种用途，第一是选择物体并移动，鼠标的状态是 ▶₊，包括点选和框选，可以按住Shift键加选；第二种是移动线条的端点，当鼠标靠近线条端点的时候会自动变成状态：▶；第三种是改变线条的曲率，当鼠标靠近线条时会自动变成状态：▶。

步骤4：使用选择工具的第三种用途，修改五边形线条的曲率，直到变成图1-11所示图形。这时，鱼头的大体形状已经出来了，我们需要把表示鱼眼睛的白色区域抠出来。

图1-9

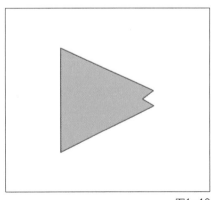

图1-10

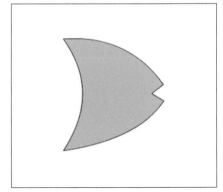

图1-11

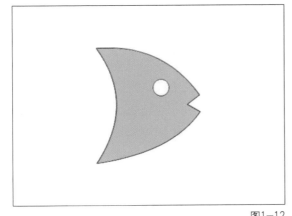

图1-12

图1-13

步骤5：在鱼头旁边，使用椭圆工具的非对象状态，绘制一个内部填充为白色、边框为黑色的小圆，大小和鱼头眼睛的大小一致。使用选择工具将它移动到鱼头内部，位置确定之后才能释放鼠标。（图1-12）

步骤6：使用选择工具点选白色小圆内部，并删除（键盘上的Del键）。

步骤7：整个图形到此已经绘制完成。但大家已经感觉到一丝危险：如果再有一个非对象模式的图形绘制在与鱼头相交的位置，鱼头的形状将被修改。如果想要避免这种情况，最好是将鱼头的形状转换为对象模式。

案例补充知识：对象模式与非对象模式的转换

形状的对象模式转换为非对象模式：选择形状，执行修改菜单下的分离命令即可，快捷键：Ctrl+B。特殊对象，如文本，需要执行两次分离。

形状的非对象模式转换为对象模式：选择形状，执行菜单命令：修改—合并对象—联合。

以上两个案例讲解了在Flash里绘制图形的一般方法，使用线条、椭圆、矩形、星形等工具绘制，然后使用选择工具修改，使用填充工具填充颜色。其他工具如铅笔工具、刷子工具直接使用即可，一般也不常使用。这里再重点讲解钢笔工具。

有使用Photoshop软件经验的人在使用Flash钢笔工具的时候会觉得非常惬意，因为它们的用法完全一样。钢笔工具的本质也是绘制线条，只不过它可以直接绘制连续的、直线的、曲线的线条，可以一次性地绘制出来，并且能够封闭线条。这就是钢笔工具的优势。钢笔工具绘制线条的修改方式和线条工具也完全一样，可以使用选择工具直接修改，也可以使用增加锚点、删除锚点、转换锚点的工具去修改形状。

我们通过下面这个案例来了解钢笔工具。观察下面的图形，思考如何使用钢笔工具绘制图形（图1-13）

案例（知识点：钢笔工具、增加锚点工具、删除锚点工具、转换锚点工具、填充渐变颜色工具）

步骤1：选择椭圆工具，按住Alt+Shift键，从中心向周围拖动，创建一个默认颜色的小圆（按住Alt键，绘制的图形将会从中心开始；按住shift键，绘制的图形将会长宽相等）。

步骤2：使用选择工具，点击小圆内部，选择小圆内部填充默认色块。点击窗口——颜色，弹出

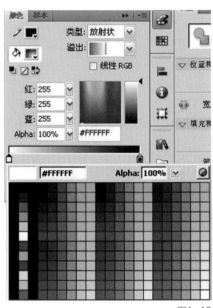

图1-14　　　　　　　　　　　图1-15　　　　　　　　　　　图1-16

颜色面板（或者点击面板快速切换区的 图标）（图1-14）。

步骤3：现在颜色面板显示的是填充单色时的情况，点击面板上类型旁的"纯色"下拉列表，选择由中心向四周发散的渐变"放射性"类型。

案例补充知识：形状内部可填充的类型

有以下五种填充类型：无、纯色、线性、放射性、位图。分别对应：不填充、单色填充、线性渐变颜色填充、由中心向四周渐变的颜色填充、在外部导入位图填充。

步骤4：选择完成之后面板变成图1-15所示。

可以单击左边或右边的色标设定颜色，如图1-16所示。

案例补充知识：渐变颜色的设定

在渐变颜色设定区域，默认有两个颜色设定色标，可以在无色标区域单击左键，增加色标。也可以将色标从右侧滑出，进行色标删除。每个色标既可以通过弹出的颜色表设定颜色，也可以在上面的正方形内部直接点选颜色，在右侧长条形里设定颜色深度。还可以对每个色标设定不同的Alpha值，使它们有不同的透明度。

图1-17

步骤5：完成渐变颜色的设定后，可以在小圆内部看到渐变颜色已经填充完成。但是，这样的填充还不能满足设计的要求，需要高光部分，在圆的左上角，这样显得更加真实。

步骤6：点击任意变形工具，按住不放，弹出隐藏图标，选择里面的渐变变形工具。渐变变形工具是专门用来调整渐变颜色填充的工具。在小圆

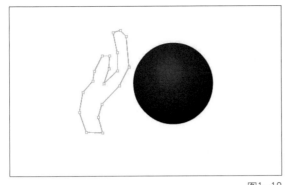

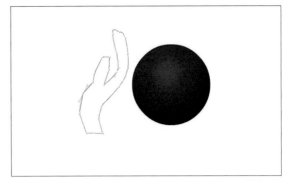

图1-18   图1-19

内部单击，如图1-17所示。

案例补充知识：渐变变形工具的使用

渐变变形工具有4个可操作的图标，分别是移动填充中心、在水平方向修改填充长度、在水平和垂直方向同时修改填充长度、旋转填充角度。

步骤7：移动填充中心到左上角，蓝色小球绘制完成。将小球变成对象模式。

步骤8：下面开始绘制手的部分。选择钢笔工具，在小球一侧连续单击鼠标左键，并将折线封闭（即最后一点和开始点位置重合，自然封闭），如图1-18所示。

步骤9：选择钢笔工具下隐藏的转换锚点工具 $\wedge$ ，在那些需要从折线改变成为光滑的曲线的锚点上单击并拖动，整个手形开始变得光滑起来，如图1-19所示。

案例补充知识：转换锚点工具的使用

转换锚点只有两个作用：第一就是将折线锚点转换为平滑曲线锚点，使用时用转换锚点工具在锚点上点击并适当拖动；第二就是将平滑曲线锚点转换为折线锚点，使用时直接用转换锚点工具在锚点上单击即可。

步骤10：使用直接选择工具，将那些位置不正确的锚点移动到正确的位置。再反复使用转换锚点工具和直接选择工具调整，并可以使用增加锚点工具增加曲线细节，使用删除锚点工具删除多余锚点，完成整只手的效果。

案例补充知识：直接选择工具的使用

直接选择工具只有两个作用：第一就是移动锚点，第二就是移动锚点的手柄（那些平滑的锚点左右各有一个控制手柄来控制左右曲线的曲率）。

步骤11：将完成后的手填充一个单色，转换为对象模式，并移动到合适位置，如图1-20所示。

步骤12：选择右边的手，按住键盘上的Alt键，使用鼠标左键拖动手，复制出另一只手，如图1-21所示。

步骤13：选择复制出来的手，点击窗口——变形，打开变形面板，在缩放宽度处输入-100%，效果如图1-22所示。

步骤14：将对称后的手移动到合适的位置，完成图形的绘制，如图1-23所示。

图1-20

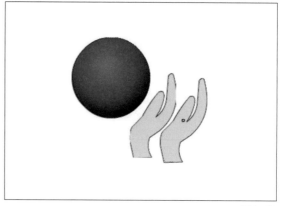

图1-21

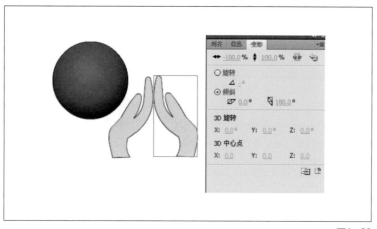

图1-22

图1-23

1.3 自然景物绘制

在动画中出现的事物，除了动画角色外，还有自然景观、花草树木等。这里我们选择一颗卡通树作为自然景物的代表，希望读者在制作卡通树的过程中了解自然景物的绘制方法（图1-24）。

案例（知识点：任意变形工具，组合与解散组合）

在这个案例的制作中，我们采用了由细节到整体的制作思路，分两步走。第一步：在之前绘制完成的树叶基础上完成一根树枝的制作；第二步：由一根树枝绘制出整棵树。

步骤1：选择之前完成的树叶，按住键盘Alt键，使用选择工具点选树叶，鼠标左键按住不放并进行拖动，在想要放置树叶的地方释放鼠标，可以看到复制出来的新的树叶（也可以使用Ctrl+C、Ctrl+V这两个命令一起复制），一直复制出6片树叶。

步骤2：使用选择工具选择其中的一片树叶，选择任意变形工具，可以看见树叶周围出现了变形框，如图1-25所示。

步骤3：注意当使用任意变形工具 ▓▓ 时在工具栏最下面出现的图1-26所示的工具状态切换按钮，配合这几个按钮可以对对象模式或是打散状态下的图形进行变形。

案例补充知识：任意变形工具的四种状态

 从左至右的顺序是：旋转与倾斜、缩放、扭曲、封套。操作中只需要选中相应的状态，点选变形框上的控制点进行拖动即可。

步骤4：使用复制和变形的方法得到如图1-27所示的6片树叶，它们是各自独立的对象。注意，并不要求读者绘制的完全一样，只要它们相互之间的造型有所不同就行了。

步骤5：使用钢笔工具和线条工具绘制出如图1-28所示的树枝，在属性面板中调节它们的粗细，最后将它们合并为一个对象。

步骤6：使用选择工具将树叶对应到相应的树枝上，然后，将树叶树枝联合为一个对象，如图1-29所示。

图1-24

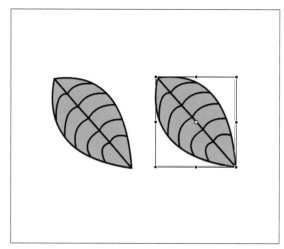

图1-25

图1-26

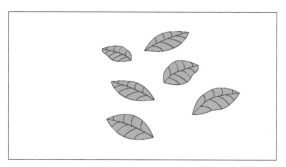

图1-27

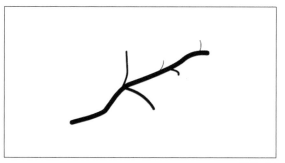

图1-28

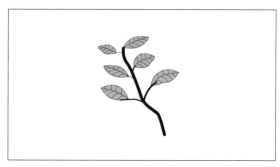

图1-29

图1-30

图1-31

图1-32

步骤7：重复复制树叶的步骤，复制出6根树枝。并使用任意变形工具将它们的造型和大小做一些修改，如图1-30所示。

步骤8：使用钢笔工具和线条工具绘制出树干的形状，并使用较浅的灰色填充。最后将它们做一个联合，如图1-31所示。

步骤9：将树干、树枝排列起来，最后，将它们组合起来，完成图形绘制工作，如图1-32所示。

1.4 角色图形绘制及其组织

动画角色绘制和场景绘制有着共同之处，不过组织起来更为复杂。动画角色绘制组织图形的时候有两个原则：一是区分运动和不动的部分（不动部分可以组织成为一个对象），二是区分运动部分哪些位置是相关联的（相关联的部分组织成为一个对象或者组）（图1-33）。

案例

在这个案例中，我们将体会到复杂的角色图形的绘制过程。首先，将我们要绘制的图形做一个分解，可以分为头部、上部躯干、大腿躯干、下肢，如图1-34所示。

绘制的时候，我们也按照这样的划分，一部分一部分地完成，先从头部绘制开始。

步骤1：绘制头部的时候，按照上下的层次关系，先画脸部，头发在脸上面，耳朵又在头发上面。绘制的时候要有先后的关系，最后绘制眼睛，眼睛也在脸部上方。绘制的时候应该全部采用对象的方式进行，避免因操作失误导致图形相互覆盖，造成麻烦。

使用钢笔工具绘制如下图形对象，并填充颜色，如图1-35所示。

步骤2：绘制脸部阴影，直接使用线条工具绘制线条对象，使用选择工具改变线条的曲度。确定之后选择脸部对象以及所有的线条对象，一起打散。检查各线条之间有没有封闭，没有的话，使用选择工具移动线条的角点，使其封闭。封闭后填充左边的颜色。使用选择工具选择内部线条进行删除。如图1-36、图1-37所示，将剩余图形合并为一个对象。

图1-33

图1-34

图1-35

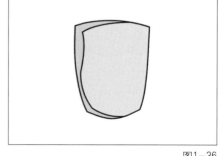

图1-36

步骤3：在脸部对象上方，使用钢笔工具绘制头发对象，并填充颜色，如图1-38、图1-39所示。

步骤4：绘制头发的明暗分界。使用线条（或者钢笔）工具，在头发内部绘制如图1-40~图1-42所示的线条。将头发和刚刚绘制的线条一起打散，由于线条产生了交叉，形成了多个封闭的颜色填充区域，所以可以选择这个单独的区域改变颜色，如中间图（由于被打散，头发自动退到底层）。接下来，删除绘制的线条，并将头发联合起来。

步骤5：按照从下往上的顺序，依次绘制出嘴、眼睛、耳朵、鼻子。

步骤6：按照相同方法，绘制出躯干、下肢，并排列它们的顺序，进行组合，完成整个的绘制。

图1-37　　　　　　　　　　　　　　图1-38

图1-39　　　　　　　　　　　　　　图1-40

图1-41　　　　　　　　　　　　　　图1-42

2.1 动画的理论基础

动画是怎么产生的？传统的二维动画利用了人眼视觉暂留的特性，将一系列逐渐变化的画面按顺序在观众眼前播放，由于人眼的感官特点，能自动将画面串联起来，形成动画。动画，就其本质来说，就是不同画面的运动。

随着计算机硬件技术和计算机软件技术的发展，所有动画的画面都需要一张张制作的情况改变了。在二维动画软件里面，由于图层的引入，可以将画面中运动与不动的图像分开，只绘制运动的图像。由于关键帧和补间技术的引入，人们可以只需要制作动画中关键步骤改变图像，从而大大地节省了动画制作的时间。Flash就是将这些技术完美结合在一起的软件。

为了帮助大家很好地理解动画的原理，我们先了解下面这些概念。

时间轴：生活中的时间轴指的是按照时间发生的先后顺利将一些时间整理起来，串联成线。Flash动画中的时间轴指的是将画面按照时间上的先后顺序整理起来，串联成一系列连续运动的画面（图2-1）。

时间轴的基本单位是帧。每帧里面对应一幅画面。帧的数量和动画播放的速率决定了动画的时间长度。一般的动画每秒播放24帧，720帧的动画以每秒24帧播放，可以播放30秒。

关键帧：如果画面发生了重大的改变，而这些改变是计算机不能够计算的，那就需要我们自己绘制这些画面，这个帧就需要被设定为关键帧。可以在时间轴上点击右键，插入"关键帧"或者"空白关键帧"。

过渡帧（普通帧）：如果画面可以继承前面画面，不做改变，则不需要我们进行绘制，直接在时间轴上点击右键，插入"帧"即可，这就是普通帧。如果后面的帧可以只需要改变前面帧上图形的部分属性（如位置、大小、色调、透明度等），那么可以创建前面关键帧和后面关键帧之间的补间动画，中间的帧就成为第一个关键帧和后面一个关键帧之间的过渡帧。过渡帧和普通帧都是由电脑进行计算的，不需要我们绘制。

下面来了解逐帧动画：

图2-1

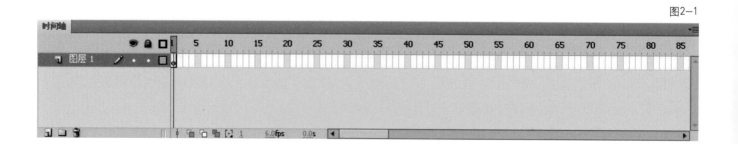

2.2 逐帧动画

传统的动画制作工艺就是将动画连贯的画面一幅幅绘制出来，然后拍摄在胶卷上。播放的时候每隔一个很短的时间就切换一幅画面，利用人们视线暂留的特点，人们将这些连贯的画面串联成了一个完整的动画。

逐帧动画的原理和传统动画的制作工艺原理一样，只不过将纸上的画面绘制过程搬到了电脑中，而省略了拍摄的过程。逐帧动画需要绘制一个个的关键帧画面。

我们来制作一个文字随时间变化依次出现的案例，案例名字：生日祝福。

（文字内容：亲爱的玛丽：祝你生日快乐！麦克）

案例（知识点：插入关键帧，关键帧动画的处理）

案例补充知识：洋葱皮工具及其使用

洋葱皮提供了两个功能：第一是帮助我们从视觉上将连续运动的物体对齐，并便于设定动作的连贯性；第二是提供可以同时编辑多个关键帧的工具。

案例补充知识：对齐面板的使用

对齐面板的对齐功能帮我们解决了物体精确对齐的问题，并可以借助洋葱皮解决相邻关键帧的对齐。

步骤1：使用文件→导入→导入到舞台（或者导入到库），弹出"导入到舞台"对话框，在光盘素材第一部分第二章里面找到生日贺卡图片，点击"打开"，图片将会出现在舞台上。如果选择的是"导入到库"，则需要通过鼠标左键，将图片从库面板中拖动到舞台上。

步骤2：调整图片的大小。通过窗口→对齐命令，打开"对齐面板"。选中图片，将对齐面板中的 □ 点下。选中该图标之后，图片会和舞台比较大小、位置等。接着点击其面板中的"匹配高和宽" 🔲 按钮，可以看到图片和舞台变成同样大小，然后点击左对齐 🔲、顶部对齐 🔲，可以看到，图片完全地遮住了舞台。

步骤3：时间轴左部有一个图层管理区，点击图层1右边锁定选项，锁定图层1，这样，编辑其他图层的时候，图层将不受影响。

步骤4：点击时间轴左边的图层面板上的"新建图层" 🔲，建立一个新的图层，并将图层的名字改成"祝福语"。文字的逐帧动画将在这个图层完成。

步骤5：在第1帧插入空白关键帧。这样，整个动画进入的时候，将会只有图层1的背景图片显示。

步骤6：在第2帧上插入关键帧，由于前面一帧是空白关键帧，所以新建的帧也是继承前面帧，成为空白关键帧。

步骤7：在第2帧的画面上使用文本工具，输入文字"亲"，在下面的属性面板上调节文字的字体、大小、颜色。

步骤8：在第3帧上右击鼠标，点击插入关键帧，可以看到是继承了第2帧的画面。在"亲"的后面补上"爱"字。

步骤9：以此类推，不停地新建关键帧，并依次在关键帧上补上文字，这样就能完成整个文字逐渐出现的动画。

步骤10：先在舞台空白处单击，然后可以在属性面板上，调节帧频为12帧每秒。这样可以使动画缓慢播放，播放时间延长。最后效果见：第一部分Flash动画基础/第二章Flash动画类型/2.2逐帧动画/逐帧动画之生日祝福。

逐帧动画练习案例：骑马

步骤1：使用文件→导入→导入到舞台（或者导入到库），弹出"导入到舞台"对话框，在光盘素材第一部分第二章里面找到逐帧——骑马素材，点击"打开"，图片将会出现在舞台上。如果选择的是"导入到库"，则需要通过鼠标左键，将图片从库面板中拖动到舞台上。

步骤2：在时间轴上的第6帧插入空白关键帧，选中第2、3、4、5帧，点右键，选择转换为空白关键帧。接着，将库面板的图片1拖动到空白关键帧1，将图片2拖动到空白关键帧2，依此类推。

步骤3：在窗口菜单里打开对齐面板，打开相对于舞台开关 ⬜。这个开关打开之后，舞台上的图形比较大小、对齐位置，都会和舞台本身来进行。从时间轴下面的洋葱皮工具里，打开编辑多个帧按钮。打开这个按钮以后，将时间轴上的括号左右两边拖动，使其包含1~6帧的范围。这样，可以在场景中使用鼠标框选1~6帧的画面进行编辑。

步骤4：打开对齐面板，框选1~6帧的画面，点击水平居中对齐 ▯ 和垂直居中对齐 ▱。

步骤5：可以按下Ctrl+Enter，或者控制菜单下的测试影片命令，观看最后的效果。案例文件保存在：第一部分Flash动画基础/第二章Flash动画类型/2.2逐帧动画。

2.3　补间动画

补间动画是由计算机帮助我们计算两个关键帧中间的动画（两个关键帧的画面由自己完成），节省动画制作的时间和人力。Flash动画中有两种基础的补间：动作补间和形状补间。

顾名思义，动作补间可以对同一运动对象的位置、大小变化中间过程进行计算，当对象是元件（后面再讲）时，还可以对对象的颜色、透明度的变化实现补间。

形状补间：就是对两个形状不同的对象，进行中间变化的补间。

下面，我们先来了解形状补间。形状补间，顾名思义，那是两个形状之间的变化，也可以实现不同形状颜色之间的变化。

案例1：文字1变形为文字2

步骤1：在第1帧空白关键帧里，使用文本工具 **T** 写上文字1，调整属性面板里的字体大小，使它具有较大的字体。在第20帧处插入关键帧，选择文本工具，在文字1右侧单击，删除文字1，输入文字2。按Ctrl+B，或者执行修改/分离命令，将单个文字对象1、2打散为像素模式。

步骤2：在关键帧1上面点击鼠标右键，选择创建补间形状，从第帧到第20帧填充为绿色，并且出现了黑色的实线箭头，表明形状补间动画创建成功，如图2-2所示。

步骤3：使用形状提示符，指定形状变化时，两边形状的对应之处。形状提示符是一种工具，它

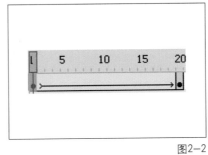

图2-2　　　　　　　　图2-3　　　　　图2-4

可在最初形状和变化的最终形状上分别做一个记号，有记号的地方会一一对应。选择关键帧1，使用修改/形状/添加形状提示符命令，可以看见文字1上面出现了红色提示符，移动它到想要指定的位置。选择关键帧20，可以看见文字2上也有红色的提示符，将它移动到想要指定的位置。移动后，提示符变化为绿色。可以继续使用这一命令，增加多个提示。也可以使用修改\形状\删除所有提示命令，删除提示。如图2-3、图2-4所示。

最终结果见：第一部分Flash动画基础/第二章Flash动画类型/2.3补间动画。

接下来，我们来了解动作补间动画。动作补间动画（在最新版本的Flash软件中被称为传统补间）和形状补间相同之处在于，它们都有最初和最后的两个关键帧，由计算机来对中间变化的过渡帧进行运算。所以，制作运动补间或者形状补间首先都需要两个关键帧。形状补间主要是对形状的变化做处理，而动作补间主要是对对象的位置、元件的大小、颜色、透明度等做处理。

案例2：卷轴打开动画——动画补间

步骤1：执行文件/新建Flash文件，通过文件/文件导入，在第一部分Flash动画基础/第二章Flash动画类型/2.3补间动画文件中导入卷轴打开动画——动画补间素材.jpg。先将图片放置在库里面。

步骤2：运用前面所学的知识，在图层1的第1帧里绘制如图2-5所示图形卷轴，并将它们联合成为一个对象。

步骤3：新建图层2，复制图层1第1帧里的卷轴，在图层2的第1帧里，点击右键，选择粘贴到当前位置。画面看起来没有变化，这是因为两个图层的卷轴重合在一起了。使用键盘上的向右方向键，慢慢移动卷轴使它们成为紧挨着的状态。如图2-6所示。

步骤4：点击图层2右边的锁定图层2，并关闭它的显示，如图2-7所示。锁定图层之后，图层将不可编辑。关闭图层显示后，图层里的对象将不可见。选择图层1的第1帧，绘制填充为浅灰蓝色的矩形，并点击右键，选择排列/下移一层，将它排列在卷轴对象的下面。

步骤5：将素材图片从库面板中拖动到图层1帧1上，使用任意变形工

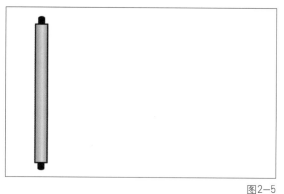

图2-5

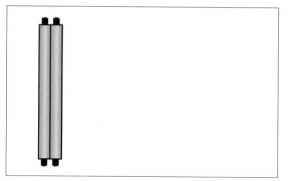

图2-6

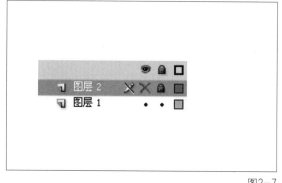

图2-7

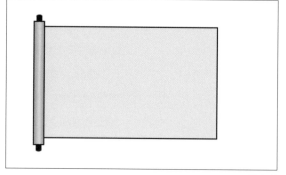

图2-8

图2-9

图2-10

具，缩放素材大小，直至适合浅灰蓝色的矩形背景（图2-8）。

步骤6：在图层1的第50帧上点击右键，选择插入帧。锁定图层1。

步骤7：显示图层2，并对其解锁。在卷轴的右侧绘制一大块白色无边框的矩形对象，矩形要能完全盖住图层1的浅灰蓝色矩形。在白色矩形上点击右键，选择排列/下移一层（图2-9）。选择卷轴，按住Shift加选矩形，使用修改/组合命令，对它们进行组合。

步骤8：在图层2的50帧上插入关键帧，并在这一帧里，将组合对象水平向右移动，直至露出全部素材画面，但是不要超过浅灰蓝色矩形。选择图层2的第1关键帧，点击右键，选择创建传统补间。按住Ctrl+Enter预览最后结果。

案例文件保存在：第一部分Flash动画基础/第二章Flash动画类型/2.3补间动画/卷轴打开动画——动画补间.fla。

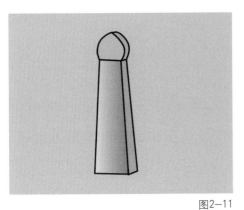

图2-11

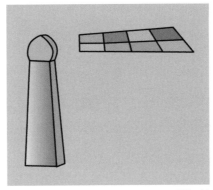

图2-12

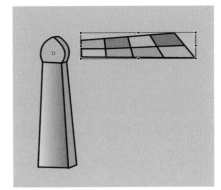

图2-13

图2-14

图2-15

案例3：旋转风车——动画补间

在本案例中，将会制作一个绕轴心旋转的风车。

步骤1：绘制风车的基座。使用前面所学的知识，在图层1第1帧中绘制如图2-11所示的风车基座，并且将它进行修改/合并对象/联合。锁定图层1，并在第30帧插入帧。

步骤2：新建图层2，先绘制风车的一个叶片。具体操作：先绘制一个对象模式的矩形，用鼠标拖动矩形的端点，进行变形。接着在变形的矩形上绘制对象模式的黑色分割线。将矩形和分割线一起选中，进行打散操作。在打散模式下，对每个小的矩形颜色填充，之后选择全部图形进行联合，如图2-12所示。

步骤3：完成整个风车。使用任意变形工具，点击风车叶片，拖动其变换轴心到风车基座旋转中心处，如图2-13所示。接下来，Ctrl+C复制风车叶片，点击右键，选择粘贴到当前位置。打开窗口/变形面板。在其中的旋转下面输入90度。则可以看到以90度的角度复制了一个绕基座中心旋转的叶片。再复制2个，将它们依次旋转180°、270°。在旋转的过程中，我们可能发现四个叶片超出了舞台范围，选中四个叶片，使用任意变形工具，对它们进行等比例的缩小，如图2-14所示。

绘制一个长条形矩形，稍微旋转，使其作为水平两个叶片的连接。后复制一个，旋转90度，作为垂直叶片的连接。选中它们，点击右键，将它们都移至底层。在上面绘制一个由中心向四周渐变的圆形，作为轴心，如图2-15。完成之后将风车旋转的部分统一联合成为一个对象。

步骤4：在图层2第31帧，插入关键帧。点选图层2第1帧，右击，选择穿件传统补间。打开属性面板，选择顺时针旋转1周。按住Ctrl+Enter，可以观看旋转的效果。大家还可以测试逆时针旋转，使用不同的旋转周数，设置缓动曲线，查看效果。属性面板设置，如图2-16所示。

步骤5：仔细观看，会发现旋转有停顿的地方，这是因为第一帧和最后一帧画面是相同的。而其他帧没有这种情况。为了杜绝这种情况，选择图层2的所有帧，右击，选择转换为关键帧，并且删除最后一个关键帧，完成动

图2-16

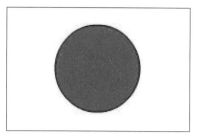
图2-17

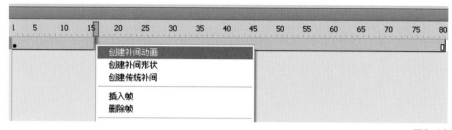
图2-18

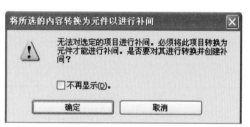
图2-19

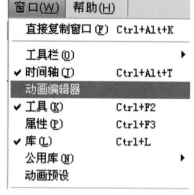
图2-20

画的制作。

完成案例保存在：第一部分Flash动画基础/第二章Flash动画类型/2.3补间动画/旋转风车——动画补间.fla。

案例4：新型动作补间动画

新型的动作补间动画，其本质和以前相同，都是对同一对象的一些属性改变，计算机计算中间过程。但是其操作方式有所变化。新型动画补间操作对象是元件。关于元件的知识会在元件一章来讲解。

步骤1：新建文件，在图层1第1帧绘制一个圆形。在其30帧处插入帧，如图2-17所示。

步骤2：在时间轴上单击右键，选择创建补间动画，如图2-18所示。这时会弹出一个提示，要将对象转化为元件，请按确定，如图2-19所示。

步骤3：通过窗口/动画编辑器命令来打开动画编辑器。动画编辑器放在时间轴的右侧。可以点击时间轴或者动画编辑器来实现二者的切换，如图2-20所示。

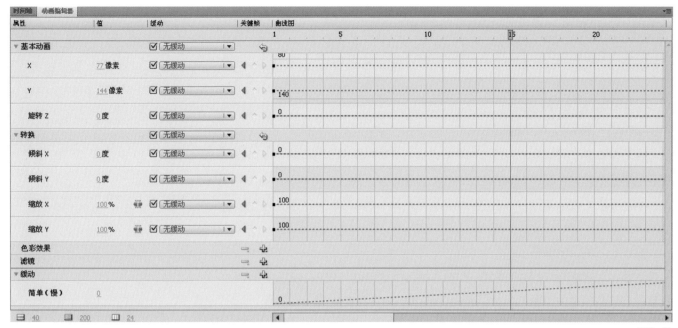

图2-21

图2-22

步骤4：在舞台上点选圆形元件，可以在动画编辑器上看见它所有能制作动画的属性及属性的曲线，如图2-21所示。

步骤5：下面可以自由地对各个属性设定动画。首先我们来对它的位置设定动画。基本动画的 X、Y 值确定的是其在场景中的位置。与一般坐标轴不同的是，舞台的左上角 X、Y 的坐标为0，550×400像素的舞台，其右下角坐标是（550，400）。

首先将指定当前帧的红色线拖动到第1帧上，设定 X 的值是0，Y 的值是0。

接着，将红色线拖动到第5帧上，设定 X 的值是200像素，Y 的值是200像素。在0~5帧这段时间内，将会发生一段位移动画，如图2-22所示。

步骤6：按照上面的方法，还可以对元件的位置、旋转、倾斜、缩放、色彩、滤镜设定动画。

案例结果保存在：第一部分Flash动画基础/第二章Flash动画类型/2.3补间动画/新型动作补间动画.fla。

2.4 引导层动画

引导层动画是对动作补间动画的一种延伸，它可以实现将动作补间动画的中间过程控制在某条路径上。因此，制作引导层动画之前，先需要制作动作补间动画。下面，我们通过一个案例来学习引导层动画的基本制作过程。

案例1：滑落的树叶

步骤1：新建一个文件，并且打开前面练习的"树叶与鱼头"文件，将树叶复制粘贴到新文件图层1帧1里。将树叶进行修改/合并对象/联合的操作。

步骤2：在图层1第40帧插入关键帧，并移动这一帧里树叶的位置。在第1帧上右击鼠标，选择创建传统补间。制作到这里，动作补间动画已经设置成功（图2-23）。

步骤3：锁定图层1。在图层1上单击鼠标右键，选择添加传统运动引导层（图2-24）。在引导层图层的第1帧里，使用铅笔工具、钢笔工具或者线条工具绘制一条连续的曲线（由于刷子工具绘制的是填充，因此不能用来做路径），如图2-25所示。

步骤4：选择图层1的第1帧，打开属性面板，勾上贴近与调整到路径选项（图2-26）。

图2-23

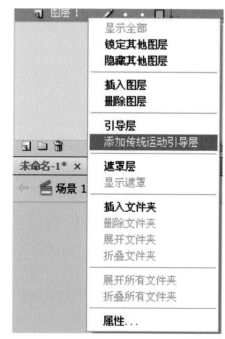

图2-24

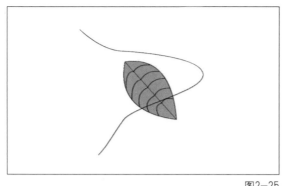

图2-25

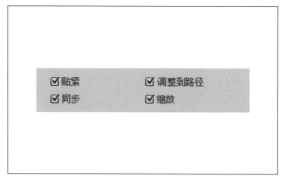

图2-26

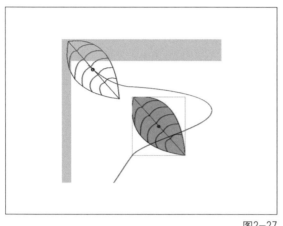

图2-27

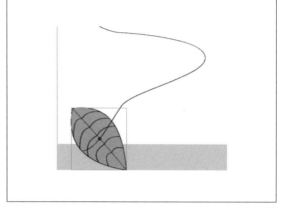

图2-28

步骤5：保持鼠标点击在图层1的第1帧上，移动树叶的中心，会发现其中新出现了一个小圆，将小圆对齐到路径的起点上（图2-27）。

步骤6：鼠标点击在图层1的最后1帧上，移动树叶的中心，将小圆对齐到路径的终点上。至此，整个路径动画完成了（图2-28）。

案例完成结果保存在：第一部分Flash动画基础/第二章Flash动画类型/2.4引导层动画/滑落的树叶——引导层动画.fla。

案例2：沿轨迹运动的球

步骤1：在图层1第1帧里，用对象模式绘制一个径向渐变的小球，如图2-29所示。

步骤2：在第60帧插入关键帧。点选第1帧，右键，选取创建传统补间，如图2-30所示。

步骤3：点选图层1，右键选择添加传统运动引导层，如图2-31所示。

步骤4：在引导层的第1帧里，以对象模式绘制一个有线条无填充的椭圆，如图2-32所示。

步骤5：在椭圆线圈上双击，进入图形绘制模式（如果场景中出现了绘制对象，如：⇦ ▤ 场景 1 ▣ 绘制对象 则表示进入了绘制对象模式）。使用鼠标框选椭圆线圈上的一小部分，删除，如图2-33所示。点击场景1，退出对象绘制模式。现在，椭圆线圈不再是无头无尾的封闭线了（封闭线条作为路径，默认会寻找最短距离来运动）。

步骤6：点选图层1的第1关键帧，在属性面板上勾上贴近与调整到路径。并将小球吸附到椭圆缺口的一端处，如图2-34所示。在第60帧处，将小球吸附到椭圆缺口的另一端处。至此，小球绕椭

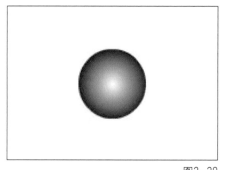

图2—29

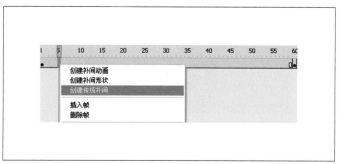

图2—30

图2—31

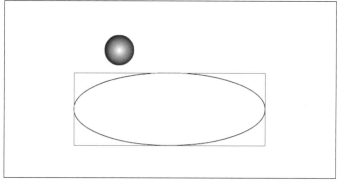

图2—32

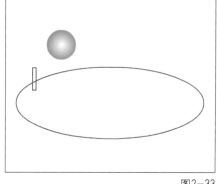

图2—33

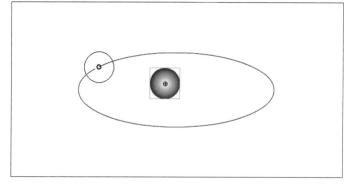

图2—34

圆的运动补间制作成功了。可以按Ctrl+Enter预览。

步骤7：由于引导层的线是无法被观察到的，因此要想在最后的结果中看到运动路线，需要新建一个图层，将引导线放到新图层中去。

在引导层上新建图层2。选择引导层的椭圆线条，复制，点选图层2，在舞台当中右击鼠标，选择粘贴到当前位置。

步骤8：先锁定其他图层（除了图层2）。双击图层2的椭圆线条，进入绘制模式，使用非对象模式绘制一条线段，将椭圆线条的缺口进行弥补。

步骤9：重复以上步骤，完成另外两个绕椭圆旋转的球。

案例制作结果保存在：第一部分Flash动画基础/第二章Flash动画类型/2.4引导层动画/沿轨迹运动的球.fla。

2.5　遮罩动画

遮罩动画是一类很特殊的动画类型，其基本原理和photoshop里面的蒙版有些类似。在Flash中的遮罩是一个单独的图层，这个图层中有图形的地方能够显示其下面那个图层的图形。所以说，遮罩层限定了一个区域，这个区域里面显示被遮罩层的图形。

下面，我们通过一个案例来了解遮罩动画的原理。

案例1：遮罩动画原理

步骤1：新建Flash文件，使用文件/导入/导入到库命令，导入：第一部分Flash动画基础/第二章Flash动画类型/2.5遮罩动画/遮罩素材1这张图片。

使用鼠标左键将图片从库面板里拖动到图层1的第1帧的舞台上，并使用对齐面板上的相对于舞台匹配宽和高，使图片变得和舞台一样大。使用左对齐和上对齐，使图片和舞台对齐（图2-35）。

步骤2：在图层1的第60帧插入帧。新建图层2。在图层2的第1帧里绘制一个圆形对象（图2-36）。

步骤3：在图层2的第60帧上点击右键，选择转换为关键帧，如图2-37所示。选择图层2的第1帧，点击右键，选择创建传统补间。在该帧上将对象移动到舞台右侧（图2-38）。

图层2上现在是一个动画补间动画。

步骤4：在图层2上点击右键，选择遮罩层。现在完成了遮罩动画。可以按Ctrl+Enter测试动画，观看效果。可以看见只有图层2有圆形对象的地方，才能看见图层1的图像。

案例结果保存在：第一部分Flash动画基础/第二章Flash动画类型/2.5遮罩动画/遮罩动画原理.fla。

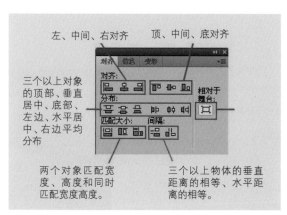

图2-35

图2-36

图2-37

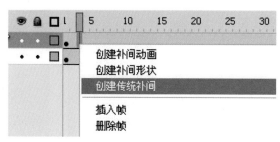

图2-38

案例2：潺潺流水——遮罩动画

下面我们来制作一个使用遮罩动画来模拟瀑布流水的效果。

步骤1：新建文件，通过文件/导入/导入到库，将第一部分Flash动画基础/第二章Flash动画类型/2.5遮罩动画/遮罩素材2.jpg这张图片导入到库面板里来（图2-39）。

步骤2：将图片从库面板拖动到图层1帧1的舞台上，使用对齐面板的工具，将它和舞台变得一样大小，并且和舞台上下左右对齐。

步骤3：在第40帧插入帧，新建图层2。将图层1里的图片复制，粘贴到当前位置图层2的第1帧舞台上。锁定图层1，并关闭它的显示。

步骤4：有鼠标在舞台旁边的空白处单击一下，属性面板将会显示舞台颜色。这里，我们将舞台更换为颜色较深的蓝色（图2-40）。

步骤5：选中图层2帧1的图片，使用Ctrl+B命令，将位图进行打散。打散之后的位图可以使用套索工具进行局部的选择。使用套索工具配合Shift按键进行加选，将除了水流的其他部分全部选中，按Del按键删除。可以分多次删除，只留下白色的水。图2-41是选择的图，图2-42是删除完成后的效果。

步骤6：为了做出流水比较柔和的变化效果，需要降低图层2图片的透明度。而图片是没有办法直接降低透明度的。可以在框选图层2的图片，点击鼠标右键，选择转换为元件，如图2-43所示。元件的知识留待后面介绍。元件类型选择图形或者影片剪辑，如图2-44所示。按确定。现在舞台当中已经是对元件1的引用了。

步骤7：选择图层2的元件1。打开属性面板，在色彩效果下面的样式选项框里面选择Alpha，将它的值设为50%。Alpha设定就是透明度的值（图2-45）。

步骤8：使用键盘上的方向键，将图层2中的元件向右向下各移动1个像素（每按一下键移动1个像素）。

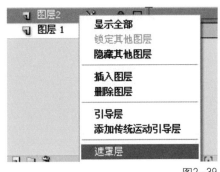

图2-39

图2-40

图2-41

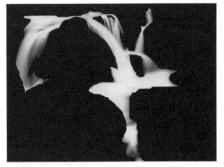

图2-42

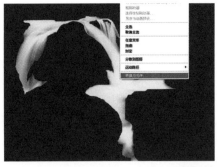

图2-43

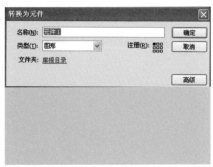

图2-44

图2-45

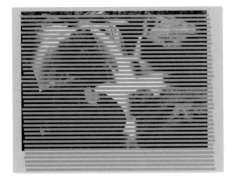

图2-46

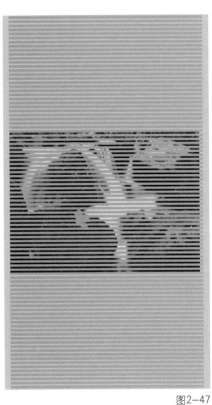

图2-47

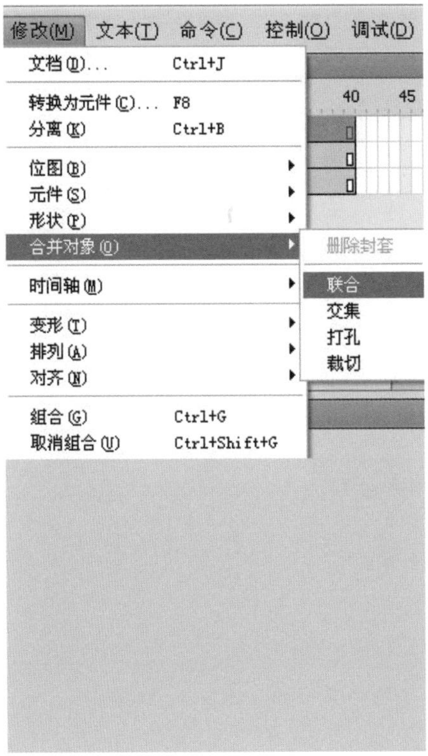

图2-48

图2-49

步骤9：锁定图层2，新建图层3。以对象模式绘制一个水平的长条（无线框有颜色填充）。并将它复制许多份，如图2-46所示。

步骤10：将其中一部分长条拖动到离垂直距离较远的地方，然后框选全部长条，点选垂直方向的分布水平中心等距离分布命令，看看长条之间的间隔如何。多次使用分布命令，调整长条的高度和长条之间的距离，使之大致相等。使用对齐面板上的功能，将这些长条相对于舞台水平方向对齐。效果如图2-47所示。

步骤11：缩小舞台显示，框选全部长条，点选命令修改/合并对象/联合，如图2-48所示。现在图层3中就是一个对象了，我们可以对这个对象设置传统动画补间。

步骤12：在图层3的第1帧，使用对齐面板，将该对象的地步与舞台对齐。将图层3的第40帧转换为关键帧。将第40帧的对象顶部与舞台对齐。点选图层3的第1帧，右键选择创建传统补间。

步骤13：在图层3上右击，选择遮罩层。可以按Ctrl+Enter预览动画了。我们发现水好像有往上流的感觉，速度也比较慢。这是因为帧数与长条对象移动距离配合的关系，我们调整一下帧的数目。将三个图层的帧数全部减少10帧，这样可以看到相对较好的效果。

案例制作结果保存在：第一部分Flash动画基础/第二章Flash动画类型/2.5遮罩动画/潺潺流水——遮罩动画.fla。

第三章
动画元件

Flash动画中存在三种元件：图形元件、影片剪辑元件和按钮元件。元件的特点在于可以在同一动画中被反复引用，但是元件不能使用在自身内部。可是，元件的用途就有所区别了，图形元件或者影片剪辑的还是一幅图形或者一段动画，它们的用途就在于被反复引用，节省制作者的时间和精力。而按钮元件的用途在于产生交互和一些特效，并且还可以通过鼠标的点击与动画的某些帧、网页或者其他动画场景产生链接，实现跳转。

3.1 什么是元件和库

建立简单的图形元件"方形"和库

步骤1：新建文件，在绘图区域内绘制一个"方形"。选择此"方形"，在菜单栏中选择修改→转换为元件。弹出一个对话框，在名称中输入元件命名，在"类型"中选择"图形"，如图3-1所示。

步骤2：单击"确定"按钮之后，舞台上"方形"已经转换成元件。单击右边的"库"面板，这时会发现库里面已经有了刚建好的图形元件，如图3-2所示。

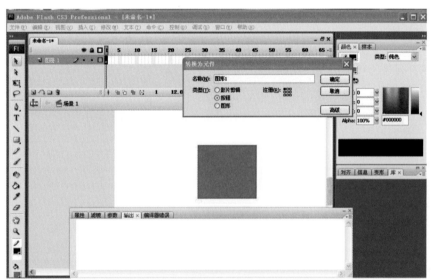

图3-1

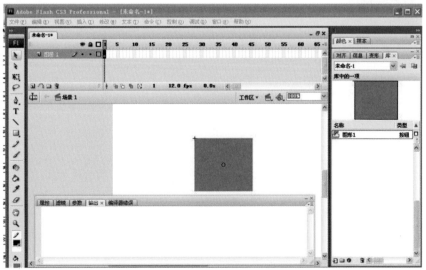

图3-2

步骤3：选择舞台上的"方形"，你会发现"方形"的周围被蓝色的线条包围，在这个环境中无法编辑它的颜色、形状等，但却可以移动、缩放、旋转。

3.2 元件的基本使用方法

下面对元件作一个系统的介绍。

3.2.1 图形元件

图形元件有自己的编辑区和时间轴，一般用于创建静态图像或创建可重复使用的、与主时间轴关联的动画。如果在场景中创建元件的实例，那么实例将受到主场景中事件轴的约束。换言之，图形元件中的时间轴与其实例在主场景中的时间轴是同步的。另外，图形元件中可使用矢量图、图像、声音和动画的元素，但不能为图形元件提供实例名称，也不能在动作脚本中引用图形元件，并且声音在图形元件中也会失效。

1. 把舞台上图形"风车"转换为图形元件

新建元件有两种方法，第一种方法前面我们已经介绍，下面介绍另一种方法。

步骤1：图3-3所示为一个绘制好的"风车"，将"风车"保存为图形元件，以备用。

步骤2：用选择工具选中"风车"，然后在菜单栏中选择/修改/转换为元件（或按快捷键F8），如图3-4，在弹出的对话框中将它命名为"风车"，并选择"图形"，单击"确定"按钮后回到舞

图3-3

图3-4

台。这时，在库面板中已经出现"风车"的图形元件，如图3-5所示。

步骤3：选择画面中的元件对象，按Del键删除。舞台上的元件消失了，如图3-6所示，但是元件本身是存在的，保存在库里面，可以再次拿来使用，在库中选中"风车"元件，拖入舞台即可，如图3-7所示。

2. 创建一个新的图形元件

还有一种新建图形元件的方法：选择菜单栏中的插入/新建元件，如图3-8所示。这种方式可以做动画元件，而不仅仅是一个静止的图形。

步骤1：以新建元件为例，选择菜单栏中的插入/新建元件，如图3-9所示。这时会弹出一个对话框，其中包括名称和类型。类型有三种：影片剪辑、按钮、图形。

图3-5

图3-6

图3-7

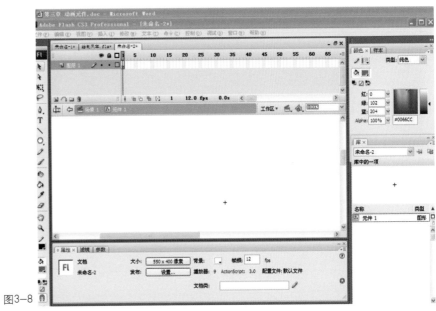

图3-8

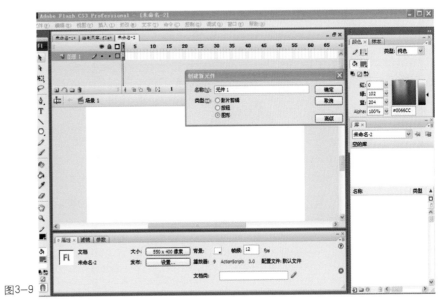

图3-9

步骤2：选择"图形"，单击"确定"按钮后进入编辑状态。当前元件为一个空白图形元件，如图3-10所示，需要在里面绘制一些图形或动画。画面左上方编辑栏显示当前编辑状态是元件，如果想回到场景，点击"场景1"即可。

步骤3：在元件中绘制一个"多边形"，如图3-11所示，然后点击"场景1"回到场景中，发现场景中其实没有任何物体，如果需要，选中库面板，拖入舞台中即可，如图3-12所示。

步骤4：选择当前的元件，点击下方属性面板，可以看到场景中元件实例的属性内容，包括宽高、色彩及动画播放时的循环方式等，这些参数都可以调整，如图3-13所示。

提示：此时调整的是场景中的元件实例，并不是元件本身，不影响库面板中的元件。我们可以举例说明，下面修改"多边形"实例的Alpha值，使其发生变化，如图3-14所示。我们发现改变的只是舞台中的元件实例，而库中的"多边形"元件并未发生改变，如图3-15所示。

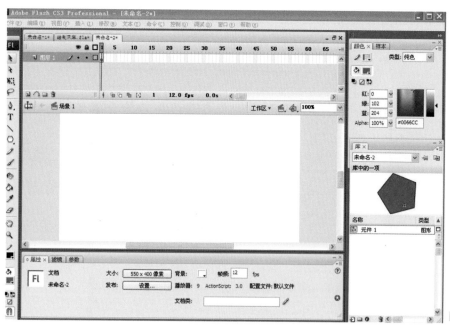

图3-10

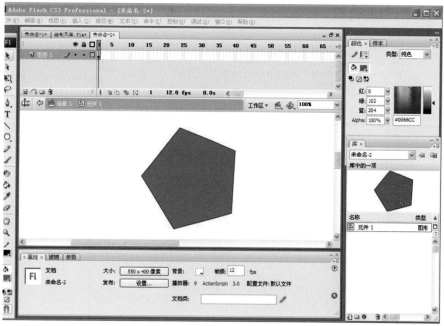

图3-11

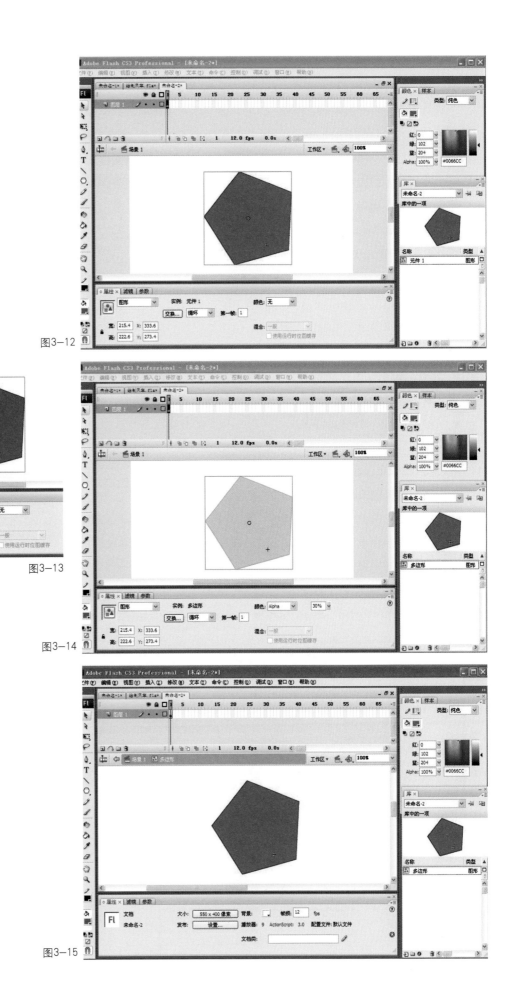

图3-12

图3-13

图3-14

图3-15

3.2.2 影片剪辑元件

影片剪辑元件与图形元件一样也有自己的编辑区和时间轴，但又不完全相同。影片剪辑元件的时间轴是独立的，它不受实例在主场景时间轴的控制。如在场景中创建影片剪辑的元件的实例，此时即便场景中只有一帧，在发布作品时电影片段中也可播放动画。另外，影片剪辑元件中可以使用矢量图、图声音、影片剪辑元件、图形组件和按钮组件等，并且能在动作脚本中引用影片剪辑元件。下面对创建影片剪辑元件的方法分别进行介绍。

1. 创建影片剪辑元件有4种方法

在Flash中，创建影片剪辑元件也是通过"创建新元件"对话框来实现的，弹出该对话框有以下4种方法。

● 命令：选择菜单栏中的插入/新建元件。

● 按钮：单击"库"面板底部的新建元件按钮。

● 选项：单击"库"面板右上角的下三角形按钮，弹出菜单，选择"新建元件"即可。

● 快捷键：按Ctrl+F8组合键。

2. 影片剪辑元件应用

创建两组旋转的五角星效果

步骤1：新建一个Flash文档，选择【文件】/【导入】/【导入到舞台】命令，在【导入】对话框中选择光盘中的"【第三章动画元件】/背景1.jpg"文件，单击打开按钮确定，如图3-16所示。

步骤2：选择【插入】/【新建元件】，在"名称"栏中输入"旋转星"，在"类型"中单击"影片剪辑"按钮，如图3-17所示，单击确定按钮创建一个影片

图3-16

剪辑元件。

步骤3：在矩形工具 上单击并按住鼠标左键，从弹出菜单中选择【多边星形】工具。

步骤4：在【属性】面板中单击 选项... 按钮，弹出【工具设置】面板，在【样式】下拉列表中选择"星形"，单击确定按钮，关闭【工具设置】，在舞台中绘制星形，如图3-18所示。

步骤5：选择【任意变形】工具 ，缩小、移动旋转中心外侧下部位置，如图3-19所示。

步骤6：保持【任意变形】工具 处于选择状态，在【变形】面板的【旋转】选项中输入"30°"，连续单击 按钮。图形旋转复制出如图3-20所示效果。

步骤7：在【时间轴】面板中，选择"图层1"中第1帧，单击鼠标右键，在弹出的菜单中选择【创建补间动画】命令。

步骤8：在【时间轴】面板中选择"图层1"中第151帧，按F6快捷键添加关键帧，如图3-21所示。

步骤9：选择第1帧，在【属性】面板中单击【旋转】选项，在弹出的下拉列表中选择"顺时针"选项，如图3-22所示。

步骤10：在【时间轴】面板中单击返回场景中。

步骤11：从库面板中将"旋转星"影片剪辑元件拖入舞台中，连续拖曳2次，如图3-23所示。

步骤12：选择【控制】/【测试影片】命令，观看图形旋转效果。

图3-17 　　　　　　　　　　　　　　　　　　图3-18

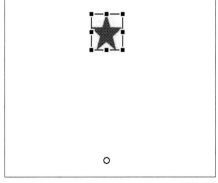

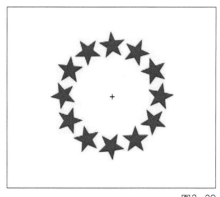

图3-19 　　　　　　　　　　　　　　　　　　图3-20

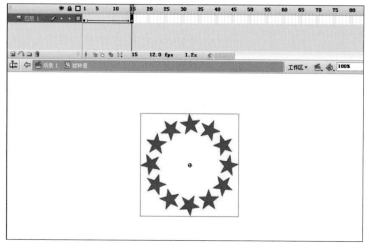

图3-21

图3-22

图3-23

案例补充知识：图形元件与影片剪辑元件的区别

　　图形元件被主时间轴引用的时候，不论给它空出多少帧，它都只播放一遍，而影片剪辑元件将会反复播放，直至主时间轴的帧被用完。影片剪辑元件内部可以插入声音，而图形元件不行。其他特点基本一样。

3.2.3　按钮元件

　　按钮元件👆主要是创建按钮的。它可以根据按钮可能出现的每一种状态显示不同的图像、响应鼠标动作和执行指定的行为。按钮有特殊的编辑环境，通过4帧时间轴上创建关键帧，指定不同的按钮状态，如图3-24所示。

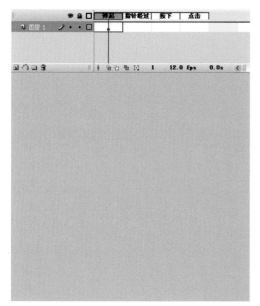

图3-24

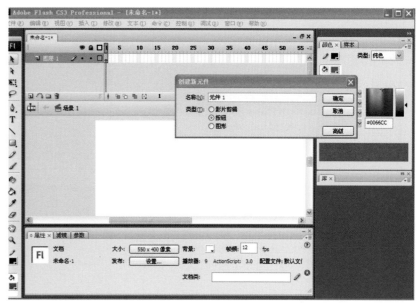

图3-25

按钮元件所对应的帧分别为"弹起"、"指针经过"、"按下"、"点击"4帧，各帧的含义如下。

弹起：按钮在通常情况下呈现的状态，即鼠标没有在此按钮上或者未单击此按钮时的状态。

指针经过：当鼠标指针经过该按钮上时，按钮外观会发生变化。

按下：按钮被单击时的状态。

点击：这种状态下，可以定义响应按钮事件的区域范围，只有当鼠标进入到这一区域时，按钮才开始响应鼠标的动作。另外，这一帧仅仅代表一个区域，并不会在动画选择时显示出来。通常，该范围不用特定，Flash会自动把按钮的"弹起"或"指针经过"状态时的面积作为鼠标的反应范围。

1. 制作按钮

步骤1：新建文件，选择菜单栏中的插入/新建元件（或按快捷键Ctrl+F8），如图3-26所示。这时会弹出一个对话框，类型选择按钮，单击"确定"按钮可创建按钮元件，如图3-27所示。

步骤2：选择工具箱中的【基本矩形工具】 □，在舞台上绘制矩形边角半径为20像素的圆角矩形，如图3-28所示。

步骤3：接着按快捷键F6，在"指针经过"动画帧中插入关键帧，选择工具箱中的【任意变形工具】 ▓，结合Shift+Alt组合键有比例地向中心缩小图形，如图3-29所示。

步骤4：新建"图层2"，选择【文字工具】，在舞台中心输入白色文字，如图3-30所示。

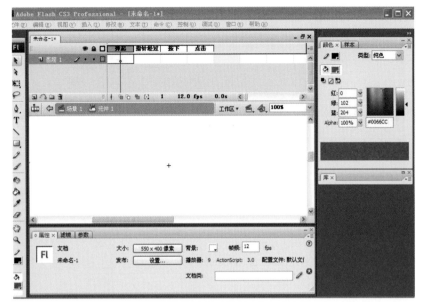

图3—26

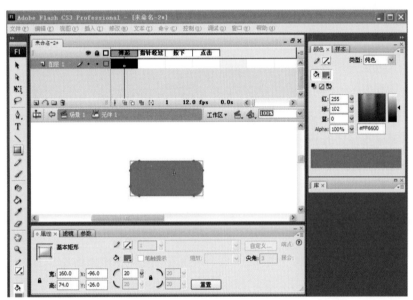

图3—27

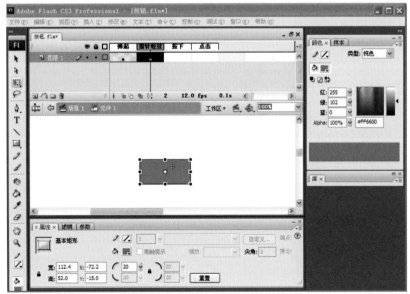

图3—28

步骤5：再次按快捷键F6，在"图层2"中"指针经过"动画帧时插入关键帧，在【属性】面板重新设置字体大小，如图3-30所示。

步骤6：返回到场景中，将按钮元件从【库】面板中拖入到场景中，即可预览按钮效果，如图3-31、图3-32所示的是鼠标为经过与不经过呈现的两种状态。

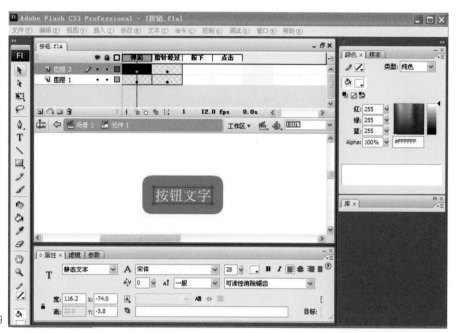

图3—29

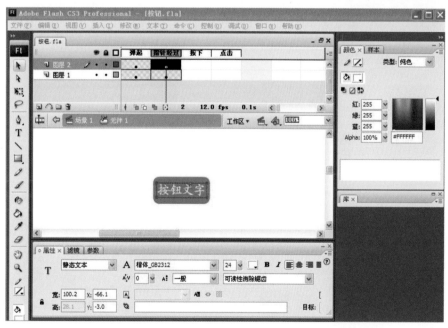

图3—30

图3—31    图3—32

2．制作网站导航按钮

步骤1：新建文件，按快捷键Ctrl+F8，新建影片剪辑元件"正圆1"，并且在舞台中心绘制如图3-33所示的渐变正圆图形。

步骤2：选中该图形，在打开的【颜色】面板中设置填充颜色的渐变颜色，并且用【任意变形工具】调整渐变方向，颜色分别为#4BC1F3、#1364C6，如图3-34所示。

步骤3：再次选择【椭圆工具】，设置工具选项如图3-35所示，并绘制不同大小的圆形图形。

步骤4：同时选中两个圆形后，选择【修改】/【合并对象】/【打孔】，得到如图3-36所示的图形。

步骤5：新建影片剪辑元件"按钮动画1"，将制作好的影片剪辑元件"正圆1"拖入到舞台中心，并且为其添加投影滤镜，参数设置如图3-37所示。

步骤6：在新建的"图层2"中，使用【矩形工具】绘制图形后，将其转换为图形元件"图1"，并设置该实例Alpha值为60%，如图3-38所示。

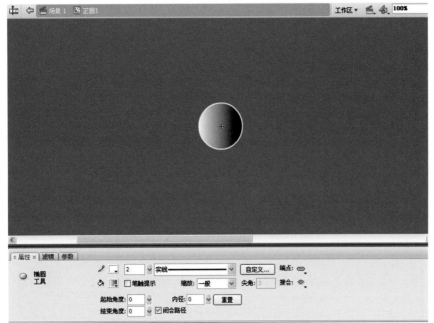

图3-33

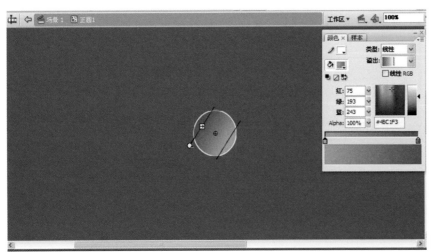

图3-34

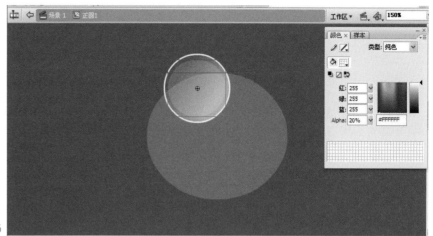

图3-35

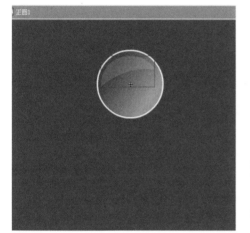

图3-36

图3-37

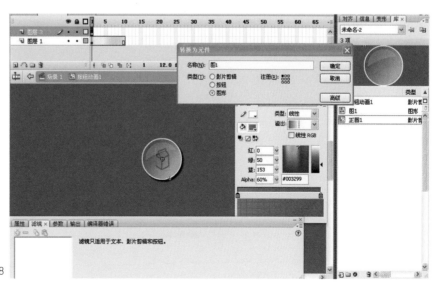

图3-38

步骤7：在第9帧处插入关键帧，设置该关键帧的实例的属性，如图3-39所示。

步骤8：在两个关键帧之间创建补间动画后，新建"图层3"，并且在第2帧处插入空白关键帧，然后输入文本，如图3-40所示。

步骤9：复制文本并且更改字体颜色，在制作文字阴影后如图3-41所示，将文字转换为图形文件，并且在第10帧处插入关键帧，如图3-42所示。

步骤10：选中第2帧的实例，在【属性】面板中设置参数，如图3-43所示，并且在两个关键帧之间创建补间动画，形成文字从无到有的动画。

图3-39

图3-40

图3—41

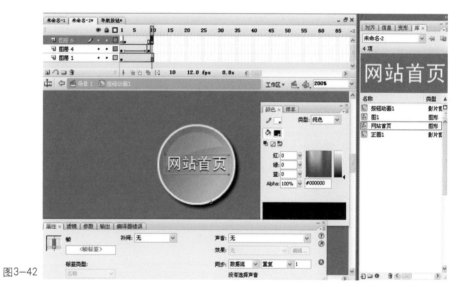

图3—42

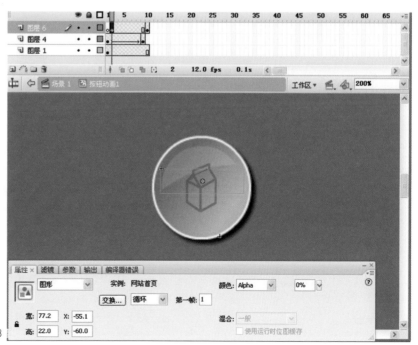

图3—43

步骤11：选中第10帧，按快捷键F9打开【动作帧】面板，添加停止脚本，如图3-44所示。

步骤12：按快捷键CtRL+F8，创建按钮元件"按钮1"并且将影片剪辑元件"按钮动画1"拖入舞台中心，如图3-45所示，然后在"指针经过"、"按下"连续按两次F6添加关键帧。

步骤13：分别选中"弹起"与"按下"动画帧中的实例，按快捷键Ctrl+B将其分离后，选中最后关键帧中的"图1"，并交换为元件"网站首页"，如图3-46所示。

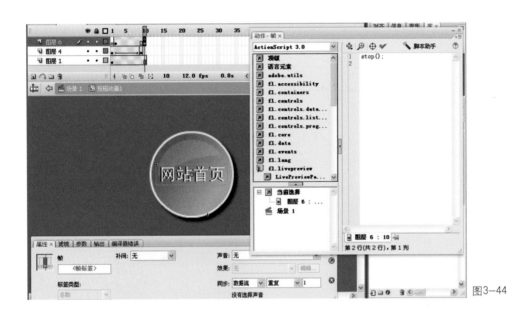

图3-44

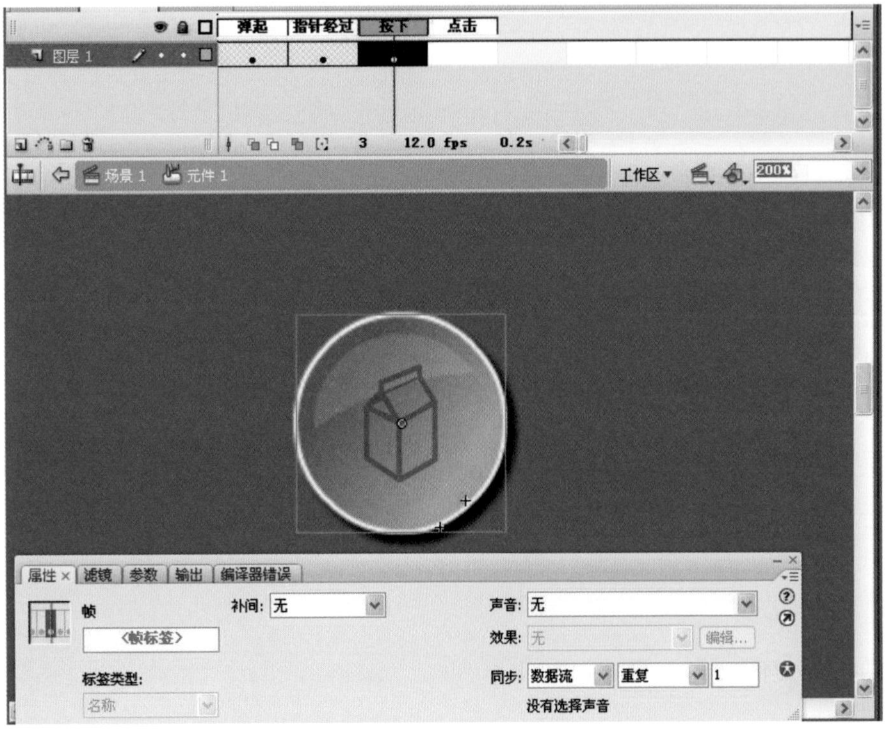

图3-45

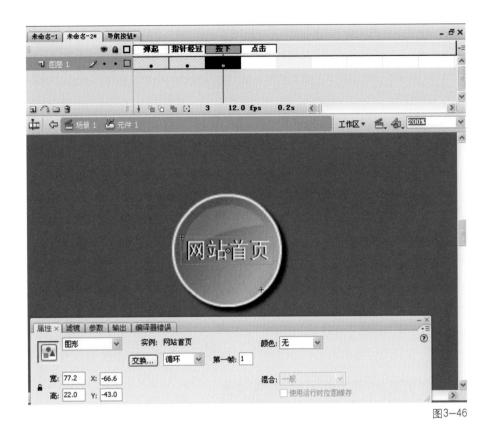

图3—46

3.3 元件怎么用

什么时候需要使用元件呢？

这对于按钮元件和其他两种元件来说有些不同。当需要实现控制动画播放、停止、实现动画帧的跳转的时候，就需要使用按钮元件。而其他两种元件在Flash动画中使用的频率更为频繁，只有相同的动画片段被反复使用的时候，才可以将这一段动画制作成为元件，节省动画制作的时间。

下面，借助一个叫做"月夜蝙蝠"的案例来说明元件的用法。

案例：月夜蝙蝠

步骤1：新建一个默认大小的Flash文档，用矩形工具画一个矩形作为夜空，如图3-47所示。

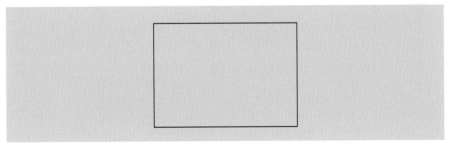

图3—47

步骤2：选中矩形，在混色器面板中将填充设为由深蓝到黑色的渐变，类型为"线性"。用填充变形工具调整渐变为由下至上从蓝到黑，如图3-48所示。

步骤3：选中矩形，在对齐面板中按下"相对于舞台"按钮，再按"匹配高和宽"，最后按"垂直中齐"和"水平中齐"。这样矩形就铺满了整个画布，如图3-49所示。

步骤4：新建一个图层，命名为"moon"，选择椭圆工具，按住shift键画出一个正圆，如图3-50所示。

步骤5：在混色器面板中将填充设为由黄到白色的渐变，类型为"放射状"，注意渐变条上黄色色块的位置。用填充变形工具调整渐变到如图中大小，形成带有光晕的月亮，如图3-51所示。

步骤6：画蝙蝠。新建一个元件，命名为"bat"，用椭圆工具画出一个黑

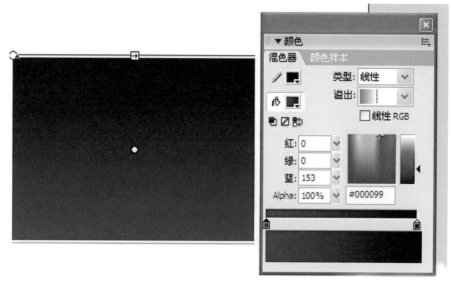

图3—48

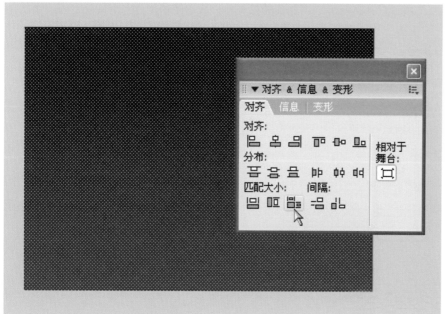

图3—49

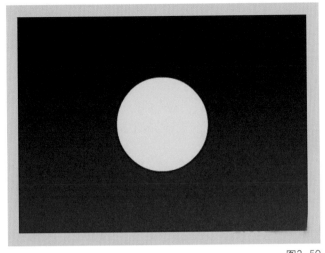

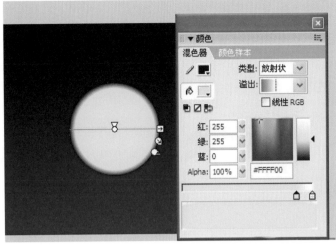

图3-50

图3-51

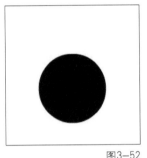

图3-52

图3-53

图3-54

图3-55

图3-56

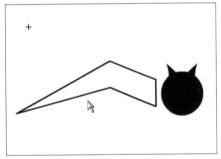

图3-57

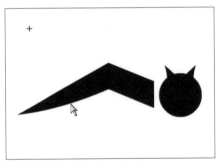

图3-58

色的正圆，如图3-52所示。

步骤7：画耳朵。先用钢笔工具画一个小三角形，钢笔工具在任意两点上单击就可以画出直线，如图3-53所示。

步骤8：将三角形填充黑色，并用选取工具调整到如图3-54所示形状。

步骤9：用Ctrl+D复制一个耳朵，执行菜单/修改/变形/水平翻转，如图3-55所示。

步骤10：将两个耳朵对齐后放在蝙蝠的头上，如图3-56所示。

步骤11：画翅膀。用钢笔工具先画出图3-57中所示直线轮廓。

步骤12：将翅膀填充黑色，并用选取工具调整到图3-58中形状。

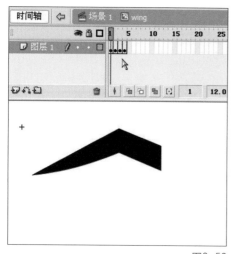

图3-59

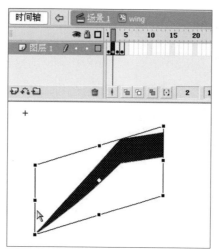

图3-60

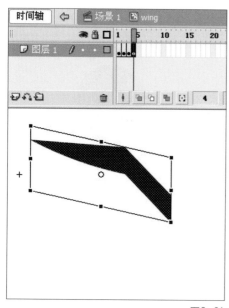

图3-61

图3-62

图3-63

步骤13：选中翅膀，按F8将翅膀转换为元件，命名为"wing"。双击翅膀进入元件编辑界面，在前4帧上都插入关键帧，如图3-59所示。

步骤14：选中第2帧，用任意变形工具将翅膀调整到如图3-60中形状。

步骤15：选中第4帧，用任意变形工具将翅膀调整到图3-61中形状，这就完成了翅膀的动态。

步骤16：在库面板只能双击"bat"元件的预览图进入蝙蝠的编辑界面，将翅膀调整到合适的大小和位置，如图3-62所示。

步骤17：在库面板中再次将"wing"元件拖进来，执行菜单/修改/变形/水平翻转后放在另外一边，完成蝙蝠的绘制，如图3-63所示。

步骤18：回到"场景1"，新建一个图层，命名为"bat"，在第100帧处给3个图层都插入普通帧，如图3-64所示。

步骤19：选择月亮层，在第20帧处插入关键帧，并添加动画补间，如图3-65所示。

步骤20：选择月亮层的第1帧，将月亮垂直拖放在画布之外，完成月亮缓缓升起的动画，如图3-66所示。

步骤21：选择蝙蝠层，在第21帧处插入关键帧，将"bat"元件拖入舞台，并调整如图3-61所示大小和位置。在第35帧处插入关键帧，并添加动画补间。

步骤22：选择第21帧，将蝙蝠垂直拖放在画布之外，并用任意变形工具将蝙蝠拉大，完成蝙蝠飞入的动画，如图3-68所示。

步骤23：在第45帧和60帧处分别插入关键帧，并添加动画补间，如图3-69所示。

步骤24：选择第60帧，用任意变形工具将蝙蝠缩小到几乎看不到为止，表

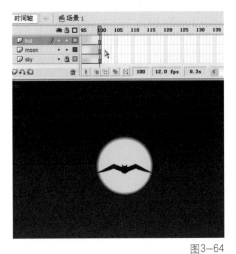

图3-64

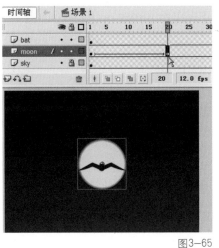

图3-65

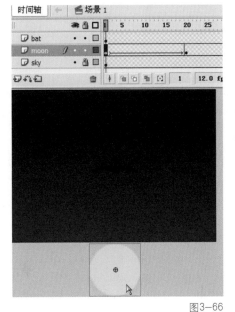

图3-66

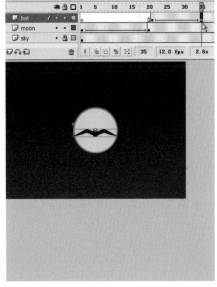

图3-67

示蝙蝠越飞越远，如图3-70所示。

步骤25：在第61帧处插入一个空白关键帧，表示蝙蝠完全消失。如图3-71所示。

步骤26：选择第60帧，点击右键选"复制帧"，在第70帧和第90帧处分别再点击右键选"粘贴帧"，并添加动画补间，如图3-72所示。

步骤27：选择第90帧，将蝙蝠拖入画布之外如图3-73所示位置，并用任意变形工具将蝙蝠拉大，完成蝙蝠飞出的动画。

步骤28：最终效果如图3-74所示。

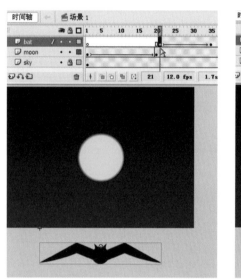

图3-68

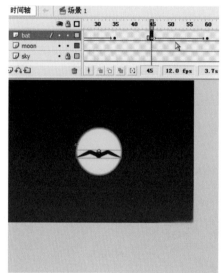

图3-69

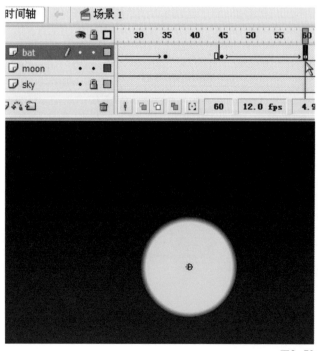

图3-70

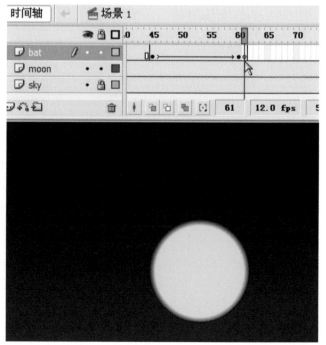

图3-71

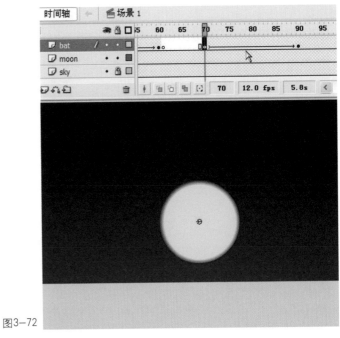

图3-72

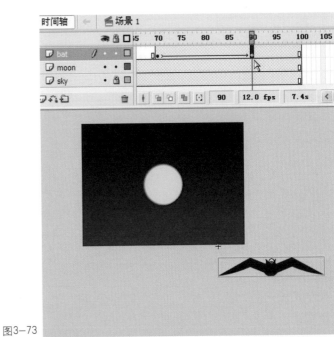

图3-73

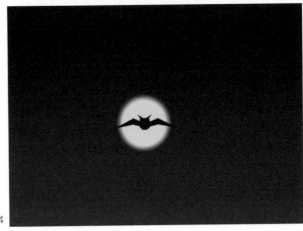

图3-74

第二部分
Flash动画实战

在第一部分介绍Flash动画基础的前提下，本部分重在介绍在实战中对Flash基础知识的综合运用，在这个过程中，大家会学习如何去组织一个较为复杂的短片。

在接下来的一章中，将会简单介绍Flash脚本Action Script 3.0的基础知识及简单应用。

第四章

综合实战

4.1 动画特效——头尾透明的古诗

下面我们来制作一个使用遮罩来实现古诗头部以及尾部呈现透明，同时古诗往上面运动的效果。参见：第二部分 Flash动画实战/第四章 综合实战/4.1/诗的两头透明.fla效果。

步骤1：新建文件，在图层1的第一个空白关键帧里使用文本工具，输入文字"花间一壶酒，独酌无相亲。举杯邀明月，对影成三人。月既不解饮，影徒随我身。暂伴月将影，行乐须及时。我歌月徘徊，我舞影零乱。醒时同交欢，醉后各分散。永结无情游，相期邈云汉"。并排列在舞台中心成为：第二部分 Flash动画实战/第四章 综合实战/4.1/4-1图片所示样子。

步骤2：点击鼠标右键，选择转换为元件，将该文字对象装换为"影片剪辑"元件1。

步骤3：在第140帧插入关键帧。调节第一个关键帧，元件1所在位置为，元件1的头部刚刚超出舞台的底部。调节140帧，元件1所在的位置为，元件1的底部与舞台的顶部对齐。在调节的过程中，注意按住Shift键，使两个关键帧里元件1在垂直方向对齐。或者是调节完成之后，在对齐面板里调整它们为左对齐。

步骤4：在第一关键帧上点击鼠标右键，选择创建传统补间。

步骤5：点击新建图层图标，创建图层2。在图层2第一空白关键帧里，绘制一个如图4-2所示的图形，并填充如图4-3所示的线性渐变色（三个色标均为红色，第一个色标和第三个色标的不透明度为0%）。

步骤6：将图层2调整到图层1的下方，将图层1转换为遮罩层。即可按Ctrl+Enter键对最终结果进行观看。

案例制作结果保存在：第二部分 Flash动画实战/第四章 综合实战/4.1/诗的两头透明.fla。

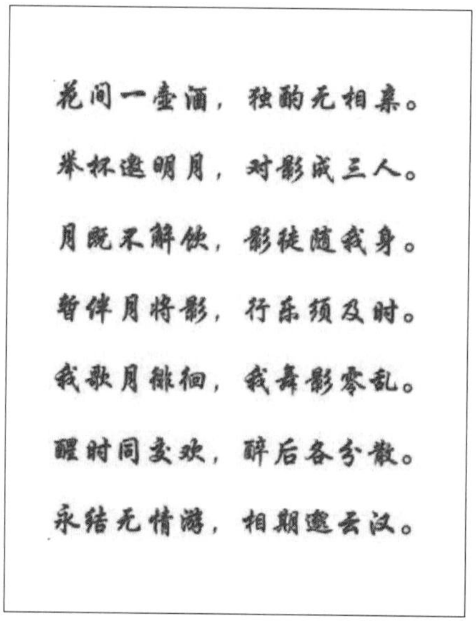

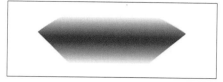

图4-2

图4-1

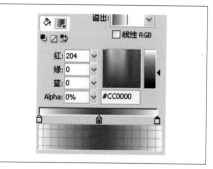

图4-3

4.2　折扇打开

在一些网络广告中，常常可看到有折扇打开的动画效果。这种效果是如何制作的呢？下面请一起来制作折扇打开的动画。

步骤1：新建文件，选择文件/导入/导入到库命令，将第二部分 Flash动画实战/第四章 综合实战/4.2/花鸟.jpg导入到flash文件的库面板中。

步骤2：选择插入/新建元件，弹出创建新元件对话框，在元件名称中输入"扇面"，类型选择"图形"，如图4-4所示。

步骤3：下面，我们进入扇面图形元件内部，将扇面做好。下面要将牡丹图片修剪成为折扇上的纸面形状。利用几何学的知识，绘制几个同心的圆，将它们进行缩放，排列前后顺序，使用两条直线将中间的圆截出一个扇形，将所有的圆和线条打散，之后，扣除扇面的形状，如图4-5所示。

步骤4：将步骤3修剪出来的形状再次使用修改/合并对象/联合命令，使之成为一个对象。将牡丹图片从库面板中拖到舞台上，并将其排列在后面。再将联合之后的对象与牡丹图片一起打散，扣除牡丹图片的多余部分，如图4-6所示。剩下的就是一个完整的扇面，将它进行联合。

步骤5：为了模拟扇骨在纸扇后面透出的半影效果，我们在纸扇上绘制一个半透明的灰色矩形。将其变换中心，对齐到前面所用的同心圆的中心，使用复制—再旋转的方法，制作多个半透明灰色矩形。使其大约相同角度排列在扇面上。将它们和扇面一起打组，成为扇面图形元件。如图4-7所示。至此，扇形元件制作完成，点击左上角的"场景1"退出扇形元件的制作。在舞台上删除扇形元件，它仍旧保存在库面板中。

图4-4

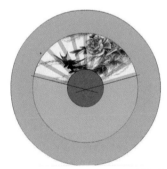

图4-5

图4-6

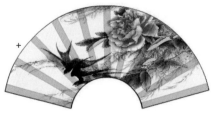

图4-7

图4-8

竹片	· ·	□
扇面	· ·	■
竹片	· ·	□
竹片	· ·	■
竹片	· ·	■
竹片	· ·	□
竹片	· ·	□
竹片	· ·	■
竹片	· ·	■
竹片	· ·	■
竹片	· ·	□
竹片	· ·	■

图4-9

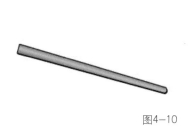

图4-10

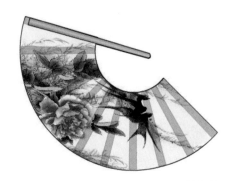

图4-11

步骤6：接下来，我们来将整个动画制作在一个元件中。新建影片剪辑元件，命名为"打开的扇子"，如图4-8所示。

步骤7：将第一个图层改名为扇面。因为我们在扇面上共制作了11个竹片的阴影。所以我们一共要制作11片竹片。新建11个图层，将图层重新命名为竹片，其中1个在扇面上方。其他在扇面下方。根据这样的要求，我们再创建1个扇面图层，将扇面图层移动到1个竹片图层下面，如图4-9所示。

步骤8：在最上面的竹片图层的第一个空白关键帧里面制作一个图形元件，命名为"外竹片"，如图4-10所示。

步骤9：在"扇面"图层将扇面元件拖入舞台，并将竹片元件的变换轴心移动至扇面的变换轴心处。可以通过画辅助线的方式确定轴心位置，如图4-11所示。这一步比较重要，它决定了旋转的效果如何。

步骤10：将最上面竹片图层的扇面元件复制，使用右键"粘贴到当前位置"命令，将其粘贴到最下面的竹片图层。但现在看不到，因为最上面的竹片图层与最下面的竹片图层完全一致。所以挡住了下面。只有等扇子展开的时候，竹片旋转开来才能看到。如图4-12与图4-13完全一致。

步骤11：在倒数第二个竹片层绘制扇子中间的竹片（可将最上面图层的竹片复制，选择倒数第二个竹片图层，右键粘贴到当前位置，然后修改颜色）。将其粘贴到最下面的竹片图层。在这里，我们关掉最上面最片图层的显示，才能看到绘制的效果，如图4-14所示。

步骤12：使用复制，在剩余没有绘制竹片的图层，全部右键—粘贴到当前位置，粘贴一个扇面中间的竹片。到现在位置，所有的竹片位置完全对齐。

步骤13：在扇面图层和所有的"竹片"图层的第二十帧插入关键帧，在第一关键帧上点击右键，选择"创建传统补间"。打开属性面板，左键点击第一关键帧。这是属性面板显示的是该关键帧的相关属性。将补间下旋转选项框改为"自动"，如图4-15所示。

步骤14：在扇面图层和所有的"竹片"图层的第二十帧（即最后的关键帧里），将各图层的对象分别旋转到图4-16所示位置。

步骤15：现在能看到全部的扇面和竹片旋转的动画。然而我们想看到的是扇面的逐渐展开。因此我们需要给扇面创建一个遮罩动画。在"扇面"图层上面创建一个"遮罩"图层。将"扇面"图层第二十帧的元件复制，点击在"遮罩"图层第一空白关键帧，右键点击舞台—粘贴到当前位置。将这个元件按"Ctrl+B"键几次，将它完全打散为像素模式，全选打打散后的图像，填充为灰色。可以删除中间的线条。然后全选后点选修改—合并对象—联合。合并为一个对象，如图4-17所示。

步骤16：在"遮罩层"上点击右键，选择"遮罩层"。这样扇面图层被灰色扇形遮罩了，只有灰色扇形范围内的扇面才可以被看到，如图4-18所示。

步骤17：最后，将旋转的竹片进行美化。在图层最上面新建图层"转轴"。在"转轴"的第一帧里，绘制一个如图4-19的径向渐变的灰色小圆球，放置在竹片的旋转中心。

步骤18：在所有图层的68帧上点击插入帧，使折扇打开后停留一段时间。

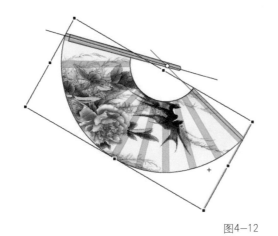

图4-12

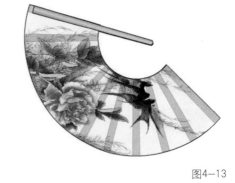

图4-13

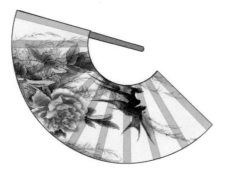

图4-14

图4-15

图4—16

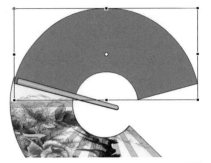

图4—17

图4—18

图4—19

做完的源文件保存在"第二部分 Flash动画实战/第四章 综合实战/4.2/折扇打开.fla"。

4.3　卷画效果

下面我们一起来制作一个特殊的动画效果——卷画效果。

步骤1：新建文件，选择文件/导入/导入到库命令，将第二部分Flash动画实战/第四章　综合实战/4.3/星空背景.jpg导入到flash文件的库面板中。

步骤2：新建五个图层——图层1、2、3、4、5。

步骤3：在图层1中的第1个空白关键帧中，将星空背景从库面板中拖到舞台上，从"窗口"菜单中打开对齐面板。点选"对齐/相对于舞台分布"选项。选中舞台上的图片，执行"对齐面板"上的"匹配宽和高"、"左对齐"、"顶对齐"。现在，星空背景图像和舞台一样大，而且刚好挡在舞台前面。在第90帧插入帧，将动画延长到90帧。

步骤4：选择图层1第一帧的图像，按"Ctrl+C"复制，选择图层2的第1帧，在舞台上单击右键，选择"粘贴到当前位置"。关闭图层1的显示，选择图层2的图像，点击右键，选择"转换为元件"命令，将当前图像转换为"影片剪辑"元件1。元件1存储在库面板中。

步骤5：通过"窗口"菜单，打开"属性"面板，选中舞台上元件1，在属性面板的"滤镜"栏目下给其增加"模糊滤镜"效果，水平和纵向各20像素，如图4-20所示。在90帧处插入帧。

步骤6：选择图层3的第1帧，点选工具箱的"矩形工具"，并点选工具栏下面的"对象绘制"，在图层3的第1帧绘制一个矩形。通过"对齐面板"设置，使其与舞台相同大小并上下左右对齐，如图4-21所示。

步骤7：在第90帧插入关键帧，按住键盘上的Shift键不放，使矩形能水平移动，拖动矩形，使

图4-20　　　　　　　　　　　　　　　　　　　　　　　图4-21

图4-22

矩形左侧对齐舞台右侧。如图4-22所示。在图层3的第1关键帧上面点击右键，选择"创建传统补间"。这样，就出现了矩形由左边逐渐向右边移动的动画效果。

步骤8：在图层4的第1空白关键帧里，将元件1拖入舞台，通过"对其面板"设置，使其和舞台同样大小，并且左对齐、顶对齐。选择"修改"菜单下的"变形"/"水平翻转"，使元件左右对调。

步骤9：在第1帧中，按住Shift键，使用左键将元件水平拖动到使其右侧对齐到舞台的左侧。在90帧插入关键帧，按住Shift键，使用左键将元件水平拖动到使其左侧对齐到舞台右侧。选择第1帧，右键单击选择"创建传统补间"。这样，该元件将会由舞台左侧运动到舞台右侧。

步骤10：锁定图层1、2、3、4，在图层5的第1关键帧中，使用对象模式绘制一个长条形的矩形，如图4-23所示。取消其线框填色，并将其内部填色为线性渐变色。色标如图4-24所示。五个色标全部设置为白色，其中，第一、三、五个色标的Alpha值设为0%，即完全透明，第二、四个色标的值分别设为44%、33%。

步骤11：在第90帧插入关键帧，按住Shift键，使用左键水平拖动矩形，使矩形的左侧对齐到舞台的右侧。在第1关键帧上，单击右键，选择"创建传统补间"。

步骤12：图层6的内容与图层5完全一致。

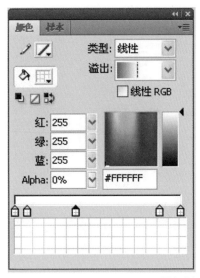

图4-23   图4-24   图4-25

步骤13：将图层3和图层5分别设为"遮罩层"，如图4-25所示。至此，整个动画制作完成。

做完的源文件保存在"第二部分 Flash动画实战/第四章 综合实战/4.3/卷画效果.fla"。

4.4 百事广告中的一段

笔者从网络中看到一段百事可乐的Flash广告，现在截取其中一段，用自己的思路将它制作出来。通过这个案例，大家能够初步学会处理动画时间和空间两方面的关系。首先，大家看下存储在"第二部分 Flash动画实战/第四章 综合实战/4.4/百事可乐广告第一部分.fla"的源文件，打开，并通过"控制—测试影片"命令来观看下最终效果。

这段小动画从时间上大概可以分成两个阶段来看：第一阶段是百事标识从一侧旋转出来，碰到文字"L"，文字"L"左右晃动；第二阶段是"L"晃动即将结束的时候，透明渐变地出现了弧线形箭头和旋转的圆圈，弧线形箭头指向圆圈，并一直颤动。

下面，我们进入动画制作过程。

步骤1：新建Action Script 2.0文件，通过"窗口"菜单打开属性面板，设置舞台颜色为"#FCB924"。如图4-26所示。接下来，制作"文字背景"。在图层1的第1空白关键帧里，在工具箱中选择文本工具，敲上英文字符"HLA"，设置字体为黑体，大小为150点，颜色为白色。文字位于舞台中心，如图4-27所示。

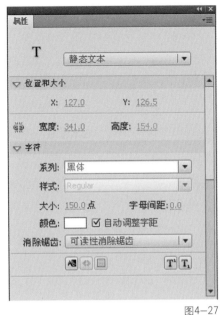

图4-26　　　　　　　　　　　　图4-27　　　　　　　　　　　　图4-28

图4-29　　　　　　图4-30　　　　　　　　　　　　　　　　图4-31

步骤2：按"Ctrl+B"将英文字符"HLA"打散一次，按住Shift键，水平拖动文字间距，使它们之间的间距看起来如图4-28所示。因为有些文字格式会导致动画无法测试播放，因此，我们将三个因为字符都按"Ctrl+B"进行打散，成为像素模式，再单独选中一个个字符，使用"修改/合并对象/联合"命令，将它们单独联合成为三个对象。

步骤3：因为文字"L"产生了动画，我们将它处理到一个单独的图层。使用"Ctrl+X"剪切，新建图层2，使用"右键—粘贴到当前位置"命令粘贴到图层2的舞台上。

步骤4：将图层1改名为"HA"，图层2改名为"L"。这样的命名方式有助于我们快速了解图层与对象之间的对应关系。新建图层，将其改名为"百事标识"，在这个图层中，我们来绘制旋转的百事标识对象。

步骤5：在"百事标识"图层第1帧中，以对象模式绘制一个线框和填充均为白色的圆，修改圆形的线框笔触粗细为2。在圆上绘制两条黑色曲线来分隔圆形，如图4-29所示。框选它们三个对象，按"Ctrl+B"进行打散，使用"选择工具"点选分隔图形的上面部分，填充"#EE3E42"的红色；使用"选择工具"点选分隔图形的下面部分，填充"#0069AA"的蓝色。删除打散后的黑色分割线，如图4-30所示。框选整个标识图形，使用"修改/合并对象/联合"命令，将它们进行联合，成为一个对象。暂时将它调整到文字中间的位置，如图4-31所示。

步骤6：下面来调整"百事标识"滚动进入，碰撞文字"L"的动画。先将图层"HA"、"L"的帧数延长到30帧，即分别在它们的30帧上单击右键选择"插入帧"。在"百事标识"图层的第14帧上单击右键，选择"插入关键帧"，如图4-32所示。

步骤7：选择"百事标识"图层的第1关键帧，使用选择工具，按住Shift键，水平拖动百事标识到舞台左侧，如图4-33所示。在第1关键帧上，单击右键，选择"创建传统补间"。现在从第1帧到第14帧中间产生了一个从左至右的水平运动动画，没有旋转。

步骤8：选择"百事标识"图层的第1关键帧。通过"窗口"菜单打开"属性"面板，在属性面板上设置顺时针旋转2周，如图4-34所示。到这里完成了百度标识从左到右旋转进入的动画。由于标识是从左至右匀速运动，与真实的运动效果有所差异。选中第1关键帧，打开属性面板补间栏下缓动后面的铅笔性图标，弹出"自定义缓入/缓出"对话框。用鼠标单击曲线，曲线上会产生控制点及控制点的手柄，拖动手柄可以调节曲线两端曲率。点击已有控制点，会显示手柄，可以点击键盘上的"Delete"键删除控制点，通过以上操作，改变曲线形状，如图4-35所示。点击"确定"退出对曲线的编辑。

步骤9：接下来，制作标识撞击"L"，弹回来，"L"左右晃动后归位的动画。使用鼠标拖动，选中15、16、17、18、19五个帧，点击右键选择"转换为关键帧"。根据运动规律，我们可以知道，撞击发生后，物体的运动速度将会有变慢的趋势。因此，撞击之前用2帧的时间来表达，撞击之后用3帧时间来回位。设置16帧为标识刚刚接触"L"的状态，根据之前的运动情况适当旋转一个角度。15帧为14帧与16帧之间的中间状态。14、15、16帧的运动重影，如图4-36所示。接下来，用相同的方法，制作17、18、19帧标识逐渐运动回来的状态，其中19帧恢复到14帧的状态，所以无须设置。完成之后可见17、18、19帧的标识运动重影，如图4-37所示。至此，我们完成了百事标识的所用动画。

步骤10：锁定图层"百事标识"与图层"HA"，现在来设置文字"L"的相关动画。"L"的动画从标识与它碰撞开始，到自身回位结束。从帧上来

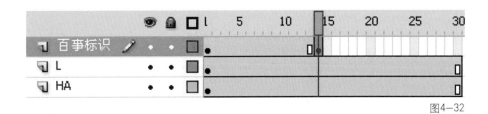

图4-32

图4-33

80

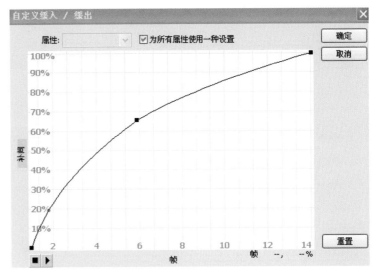

图4-34

图4-35

图4-36

图4-37

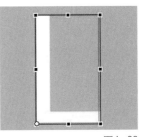

图4-38

说，16帧处于碰撞状态，17帧稍微右倾，18帧右倾多一些，19帧稍微回向直立，20帧稍左倾，21回正。因此，首先我们要将"L"的旋转重心移到左下转角处。选择图层"L"的第1关键帧里的图像"L"，点击工具栏的"任意变形工具"，这时候在"L"周围会显示8个控制点，中间会显示变换重心，直接拖动变换中心到左下转角处，这里也将是旋转的支点，如图4-38所示。

步骤11：接下来，在时间轴上选中16、17、18、19、20、21帧，点击右键选择"转换为关键帧"。根据前面描述的倾斜状态，对17、18、19、20帧的"L"分别稍微旋转。具体位置，可参考源文件。至此，动画的第一阶段完成。接下来我们进入第二阶段动画的制作。

步骤12：第二阶段的动画是：在"L"左右摇摆的时候，一个颤动的曲线箭头由透明逐渐完全显示，在将要完全显示的过程中，一个旋转的圆由下方从一条黑线里出现往上运动，旋转的圆就位后，黑线消失。保持这个运动状态。这段动画里，我们需要制作2个元件：一是颤动的箭头，一是不断旋转的圆（圆的线性为虚线）。

步骤13：锁定所有图层，新建两个图层"圆旋转"、"箭头"。在"箭头"图层的第16帧上插入空白关键帧。使用钢笔工具在舞台上绘制如图所示的箭头，并将它们联合，如图4-39所示。

步骤14：选择箭头，点击右键，选择"转换为元件"，将它转换为影片剪辑元件，并命名为"箭头"。双击箭头，进入影片剪辑元件内部，进行编辑。此时，其他对象会变灰。在箭头影片剪辑元件图层1的第2帧上点击右键插入关键帧，修改第2帧的形状，成为颤动的另一个状态。两帧形状对比如图4-40所示。单击"场景1"退出对元件的编辑。

图4-39

图4-40

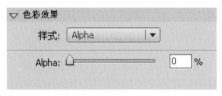
图4-41

图4-42

步骤15：在"箭头"图层的第24帧插入关键帧。点击第16帧（即前面的关键帧），右键选择"创建传统补间"。在第16帧，选择箭头元件，打开属性面板，找到"色彩效果"下面的样式，选择"Alpha"选项，将"Alpha"值调为0%。如图4-41所示。现在，第16帧到24帧之间出现了一个由透明到不透明逐渐变化的动画效果，而且，箭头同时不断颤动。锁定"箭头"图层。

步骤16：在"圆旋转"图层的第20帧插入空白关键帧，使用椭圆工具，绘制一个线框为白色，内部不填充颜色的正圆对象（画正圆按住shift键）。打开属性面板，将线型修改为"虚线"，笔触粗细为2。选中正圆对象，在其上点击右键，选择"转换为元件"，将其转换为名字为"圆旋转"的影片剪辑元件。

步骤17：双击该元件，进入其内部编辑状态。在图层1的第二帧插入关键帧。将第二关键帧的圆稍微旋转，使其与第一帧的图像刚好错开。点击场景1退出影片剪辑的编辑状态。

步骤18：由于该圆是由下面逐渐往上出现的，且其在黑线下方的完全不可见，这里需要一个遮罩动画才能实现其效果。在"圆旋转"图层上新建图层，改名为"遮罩"。在"遮罩"图层的第1空白关键帧绘制一个矩形，其大小刚好盖住旋转的圆。在"遮罩"图层上点击右键，点击"遮罩层"。这样只有当"圆旋转"对象运动进入遮罩范围内才可见。

步骤19：最后处理下黑线的渐变动画。经过观察可知，在23帧时，"圆旋转"第一次出现，在30帧完全出现。在此之前，要完成黑线从无到有，从小到展开的动画；23帧后黑线要慢慢收拢，直至消失。

步骤20：在"遮罩"图层的上面新建"黑线"图层，在第17帧插入空白关键帧。在此空白关键帧，以椭圆工具绘制一个黑色椭圆对象（有填充，无边框），形状接近于一条线。在第26帧插入关键帧，从第26帧观察黑线形状如图4-43所示。

图4—43

步骤21：选择第17帧的黑色椭圆对象，使用"任意变形工具"将其缩小。在17帧上点击右键选择"创建补间形状"。在第30帧上插入关键帧，这样，26帧到30帧会保持黑线一段时间。复制第17帧，将它粘贴到第34帧，点击第30帧，点击右键选择"创建补间形状"。在34帧上点右键，选择"删除补间"。在35帧上点右键选择"插入空白关键帧"，使黑线最后消失。延长所有图层的动画到35帧。

步骤22：在最上面新建"语句控制"图层，在第35帧插入空白关键帧。并在上面点击右键选择"动作"。打开动作面板，输入：stop（）；语句。该语句将使得动画停在最后一帧。避免重复播放。

做完的源文件保存在"第二部分 Flash动画实战/第四章 综合实战/4.3/卷画效果.fla"。

5.1 案例——图片欣赏

在这个案例中我们来制作一个点击左侧小图欣赏右侧大图的交互动画效果，以此学习事件的监听和响应。

步骤1：新建Flash文档（Action Script 3.0），并设置尺寸为400px×300px，帧频为12fps，如图5-1所示。

步骤2：修改图层名为"背景"，并在该图层的第1帧中导入素材文件夹中的"b.jpg"图片，调整图片的属性，如图5-2所示。

步骤3：单击"插入图层"按钮，新建一个名为"图片"的图层。将素材文件夹中的1.jpg、2.jpg、3.jpg三张图片导入到库中，如图5-3所示。

步骤4：在"图片"图层的第1帧中将库中的图片1.jpg、2.jpg、3.jpg拖入，并设置三张图片的大小为"宽：80"、"高：60"，并对齐其位置。按F8键将三张图片分别转换为影片剪辑，并依次设置其实例的名称为stu1、stu2、stu3，如图5-4所示。

图5-1

图5-2

图5-3

图5-4

图5-5

图5-6

图5-7

步骤5：在"图片"图层的第1帧中将库中三个影片剪辑分别拖入并都设置"宽：230"、"高：185"、"X：267"、"Y：151"，并依次设置三个实例的名称为btu1、btu2、btu3，如图5-5所示。

步骤6：单击"插入图层"按钮，新建一个名为"as"的图层，在第1帧按F9键输入脚本，如图5-6所示。

步骤7：按组合键Ctrl+Enter预览效果，如图5-7所示。

案例结果保存在：第二部分 Flash动画实战/第五章 Flash编程实例/5.1图片欣赏.fla。

图5-8

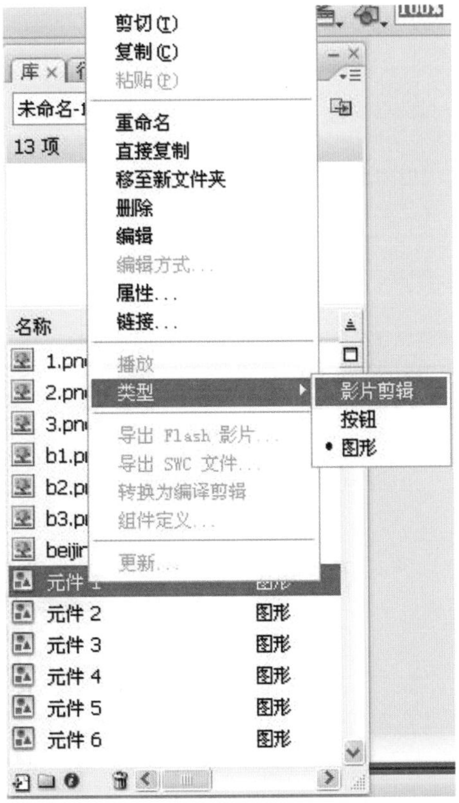

5.2　案例——电子相册

在这个案例中我们来制作一个点击灰度小图，灰度小图动态变化为彩色大图的交互的电子相册效果。

步骤1：新建Flash文档（Action Script 3.0），并设置尺寸为550px×400px，帧频为12fps。将素材文件夹中的1.png、2.png、3.png、b1.png、b2.png、b3.png、bg.jpg图片导入到库中，并将元件1~6的类型转换为影片剪辑，如图5-8所示。

步骤2：修改图层名为"背景"，并在该图层的第1帧中导入素材文件夹中的"bg.jpg"图片，调整图片的属性，如图5-9所示。

步骤3：单击"插入图层"按钮，新建一个名为"小图片"的图层。在"小图片"图层的第一帧中拖入库中的"元件4"、"元件5"、"元件6"，设置其"宽：100"、"高：80"，按Ctrl+K键打开【对齐】面板，依次选中三个实例单击对齐面板的"左对齐按钮" 和"垂直居中分布按

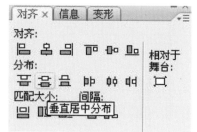

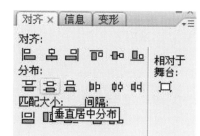

图5-9　　　　　　　　　　　　　　　图5-10　　　　　　　　　　　　　　图5-11

图5-12

钮"　。然后依次在影片剪辑的【属性】面板中的"实例名称"中设置实例的名称为btu1、btu2、btu3，如图5-10、图5-11所示。

步骤4：在"背景"层和"小图片"层的第75帧按F5键插入帧。在"小图片"图层的上方单击"插入图层"按钮，新建一个名为"大图片"的图层，在"大图片"层的第5帧按F6键插入关键帧，将库面板中的"元件1"拖入，位置与影片剪辑实例btu1大小位置一致，并在影片剪辑的【属性】面板中的"实例名称"中设置实例名称为ctu1。

步骤5：在"大图片"图层的第15帧和第25帧按F6键插入关键帧，在第15帧设置影片剪辑实例ctu1的大小为"宽：350"、"高：250"，位置为"X：33"、"Y：87"。在第5帧和第16帧处右键单击，从快捷菜单中选择"插入补间动画"，如图5-12所示。

步骤6：选择"大图片"图层的第5帧，在其【属性】面板中设置"顺时针"旋转"2次"。同理选择第15帧在其【属性】面板中设置"逆时针"旋转"2次"，如图5-13所示。

步骤7：同理在第30帧按F7键插入"空白关键帧"，将库面板中的"元件2"拖入，位置与影片剪辑实例btu2大小位置一致，并在影片剪辑的【属性】面板中的"实例名称"中设置其实例名称为ctu2。按照影片剪辑实例ctu1的方法制作补间动画。在第55帧按F7键插入"空白关键帧"，将库面板中的"元件3"拖入，位置与影片剪辑实例btu3大小位置一致，设置其实例名称为ctu3（图5-14）。

步骤8：单击"插入图层"按钮，新建一个名为"as"的图层。在"as"图层的第5帧、第15帧、第25帧、第30帧、第40帧、第50帧、第55帧、第65帧和第75帧按F6键插入关键帧。

步骤9：选择第1帧按F9键打开动作面板，输入如下图所示的脚本（图5-15）。

步骤10：选择第5帧按F9键打开动作面板，输入脚本"btu1.visible=false;"，选择第15帧按F9键打开动作面板，输入如下图所示的脚本（图5-16）。

步骤11：选择第25帧按F9键打开动作面板，输入如下所示的代码。

    btu1.visible=true;

    gotoAndStop（1）;

步骤12：同理输入第30帧、第40帧、第50帧、第55帧、第65帧和第75帧的脚本代码。

步骤13：按组合键Ctrl+Enter预览效果（图5-17）。

案例结果保存在：第二部分　Flash动画实战/第五章 Flash编程实例/5.2电子相册。

图5-13

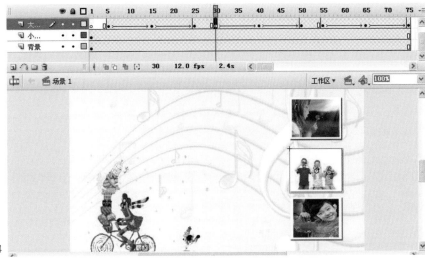

图5-14

```
1  stop();
2  btu1.addEventListener(MouseEvent.CLICK, showcaitu1);
3  btu2.addEventListener(MouseEvent.CLICK, showcaitu2);
4  btu3.addEventListener(MouseEvent.CLICK, showcaitu3);
5  function showcaitu1(event:MouseEvent):void{
6      gotoAndPlay(5);
7  }
8  function showcaitu2(event:MouseEvent):void{
9      gotoAndPlay(30);
10 }
11 function showcaitu3(event:MouseEvent):void{
12     gotoAndPlay(55);
13 }
```

图5-15

```
1  stop();
2  ctu1.addEventListener(MouseEvent.CLICK, suoxiao1);
3  function suoxiao1(event:MouseEvent):void{
4      gotoAndPlay(16);
5  }
```

图5-16

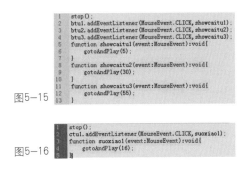

图5-17

5.3 案例——动态按钮

在这个案例中我们来制作一个鼠标放到按钮上按钮文字缩小变换为说明性文字（图5-18），当鼠标移开恢复正常的动态按钮效果，通过这个案例学习if语句的使用。

步骤1：新建Flash文档（Action Script 3.0），并设置尺寸为550px×400px，帧频为12fps。

步骤2：修改图层名称为"bg"，并在该图层的第1帧中导入素材文件夹中的bg.jpg图片，在其【属性】面板中设置"宽：550"、"高：400"，"X：0"、"Y：0"。将素材文件夹中的1.jpg和2.jpg导入库中。

步骤3：单击"插入图层"按钮，新建一个名为"图片"的图层。在"图片"图层的第1帧中拖入库中的1.jpg和2.jpg。并在【属性】面板中设置1.jpg的属性"宽：200"、"高：150"、"X：130"、"Y：51"，设置2.jpg的属性"宽：200"、"高：150"、"X：332"、"Y：201"。

步骤4：单击"插入图层"按钮，新建一个名为"文字"的图层。在该层的第1帧绘制一个矩形，在【颜色】面板中设置"线性"填充，填充色为"#73B621"至"#006600"。按F8键将将其转换为影片剪辑"tupian1"，选中影片剪辑后在【属性】面板中的实例名称中输入"jianji1"，如图5-19所示。

步骤5：双击影片剪辑，进入元件编辑模式。在"图层1"的第15帧按F5将图层延长至第15帧。在"图层1"图层的上方增加一个图层，命名为"名字"，并在第1帧中输入文字"南迦巴瓦"，在【属性】面板中设置字体为"方正姚体"，字号为28，白色，如图5-20所示。

步骤6：在"名字"图层中选中文字，按F8键将之转换为名为"zi1"

图5-18

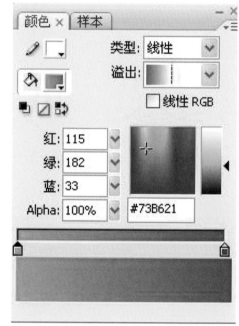

图5-19

图5-20

90

图5-21

图5-22

图5-23

的图形元件，在第8帧处按下F6键插入关键帧，按Ctrl+T组合键打开【变形】面板，将图形元件zi1的百分比设置为50%，并在其【属性】面板中设置元件的Alpha属性为0，在关键帧之间创建补间动画，如图5-21、图5-22所示。

步骤7：在"名字"图层的上方增加一个图层，命名为"介绍"，并在第2帧处按F6键插入关键帧，并输入文字"云中的天堂"，在【属性】面板中设置字体为"方正姚体"，字号为28，白色。选中文字按F8键将之转换为名为"zi2"的图形元件，在第9帧处按下F6键插入关键帧。在第2帧处设置图形元件zi2的百分比为50%，其Alpha属性为0，在关键帧之间创建补间动画，如图5-23所示。

步骤8：在"介绍"图层的上方增加一个图层并命名为"as"，在第1帧处按下F9键打开动作面板，输入脚本"stop（）;"，复制第1帧并粘贴到第15帧。

步骤9：按同样的方法制作"tupian2"影片剪辑，设置影片剪辑

"tupian2"的实例名称为"jianji2",其中文字内容为"珠穆朗玛",介绍内容为"心灵的守望",其他层的内容与"tupian1"一致,如图5-24所示。

步骤10:在场景编辑模式中单击"插入图层"按钮,插入一个名为"as"的图层。按F9键打开动作面板,输入如图所示的代码,如图5-25所示。

步骤11:按下组合键Ctrl+Enter预览效果,如图5-26所示。

案例结果保存在:第二部分 Flash动画实战/第五章 Flash编程实例/5.3动态按钮。

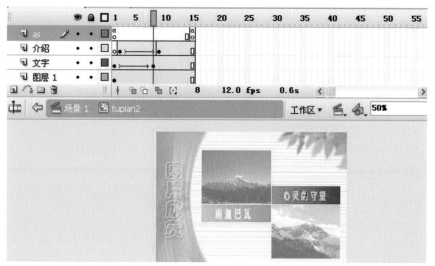

图5-24

```
1  jianji1.addEventListener(MouseEvent.MOUSE_OVER, show1)
2  jianji1.addEventListener(MouseEvent.MOUSE_OUT, show1);
3  function show1(e:MouseEvent):void{
4      if (e.type==MouseEvent.MOUSE_OVER) {
5          jianji1.play();
6      }
7      if (e.type==MouseEvent.MOUSE_OUT) {
8          jianji1.gotoAndStop(1);
9      }
10 }
11 jianji2.addEventListener(MouseEvent.MOUSE_OVER, show2)
12 jianji2.addEventListener(MouseEvent.MOUSE_OUT, show2);
13 function show2(e:MouseEvent):void{
14     if (e.type==MouseEvent.MOUSE_OVER) {
15         jianji2.play();
16     }
17     if (e.type==MouseEvent.MOUSE_OUT) {
18         jianji2.gotoAndStop(1);
19     }
20 }
```

图5-25

图5-26

5.4 案例——用户登录

在这个案例中我们来制作一个用户登录效果，通过这个案例学习组件的使用。

步骤1：新建Flash文档（Action Script 3.0），并设置尺寸为600px×250px，帧频为12fps。

步骤2：将素材文件夹中的素材导入到库中。修改图层名称为"背景"，并在该层的第1帧中拖入库中的bg.jpg，在【属性】面板中设置其属性为"X：0"、"Y：0"。

步骤3：单击"插入图层"按钮，新建一个名为"登录"的图层，在"登录"图层的第1帧中拖入库中的login.png，并在属性面板中设置其属性为"X：328"、"Y：3"。

步骤4：打开【组件】面板，并将其User Interface下的Label组件和TextInput组件拖入到舞台中，并在【属性】面板中分别输入其实例名称为userTitle和User。然后打开【参数】面板，设置Label组件实例的text参数为"用户名："，TextInput组件实例的maxChars参数为16，如图5-27~图5-29所示。

步骤5：使用相同的方法，在舞台上创建Label组件和TextInput组件实例，设置实例名称分别为pwdTitle和Pwd。然后在【参数】面板中设置Label组件实例text参数为"密码"；TextInput组件实例的displayAsPassword参数为true；maxChars参数为16，如图5-30、图5-31所示。

步骤6：在舞台上拖入两个Button组件实例，在【属性】面板中分别输入实例名称为Submit和Reset。然后在【参数】面板中设置实例的label参数

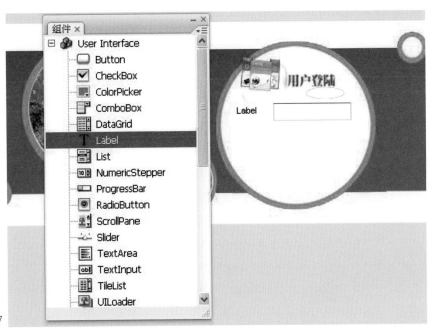

图5-27

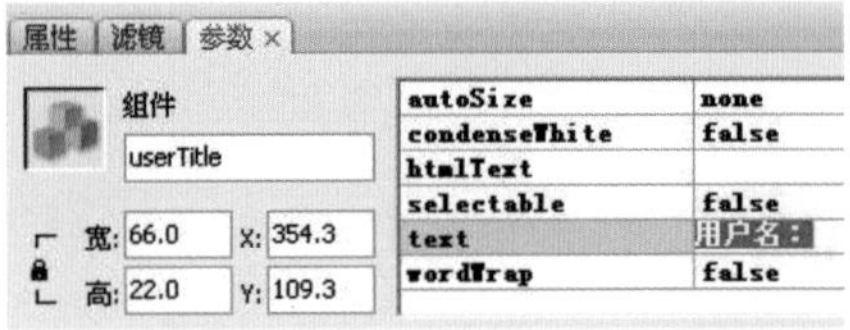

图5-28

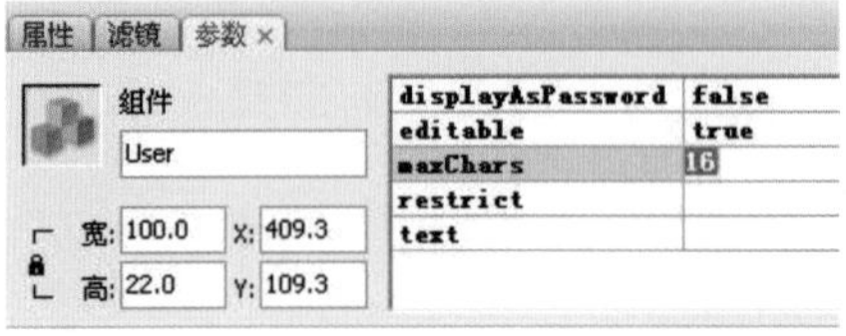

图5-29

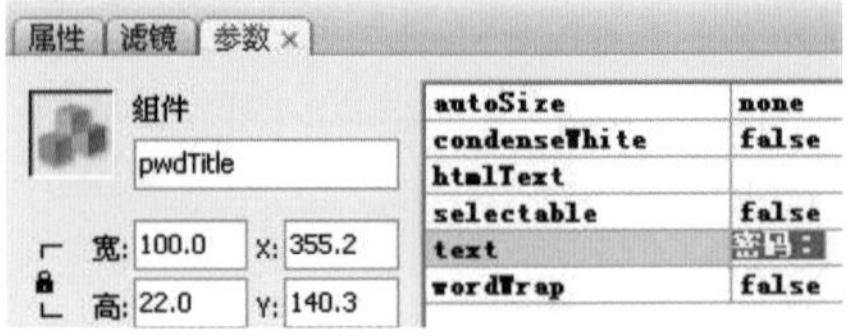

图5-30

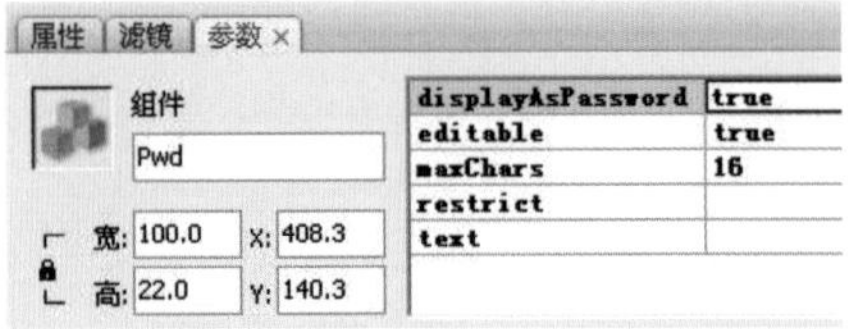

图5-31

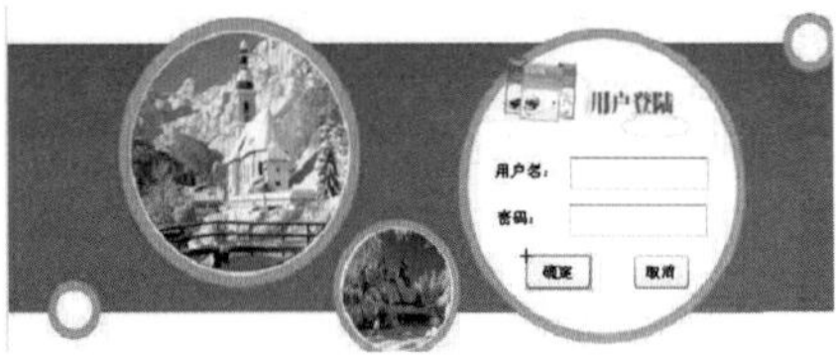

图5-32

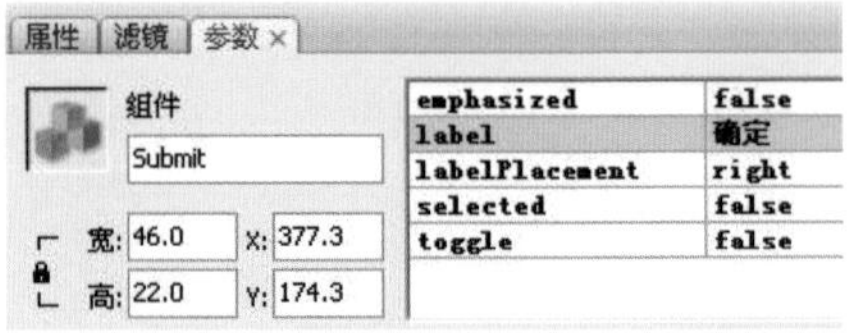

图5-33

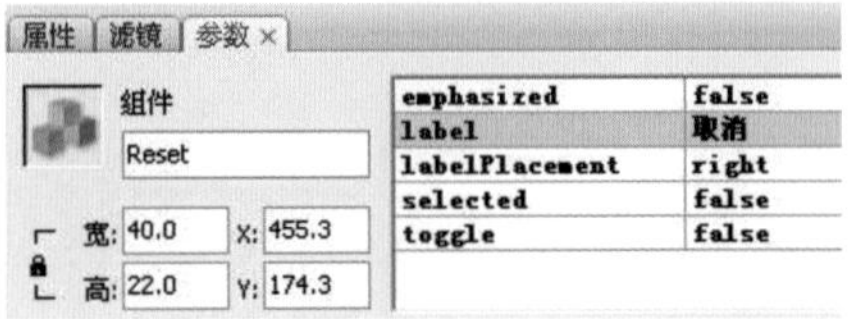

图5-34

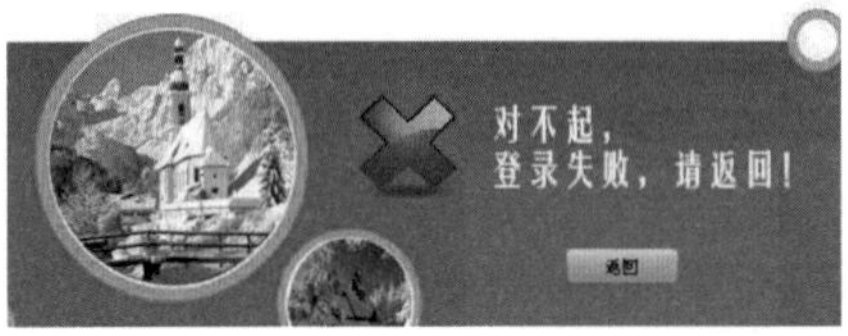

图5-35

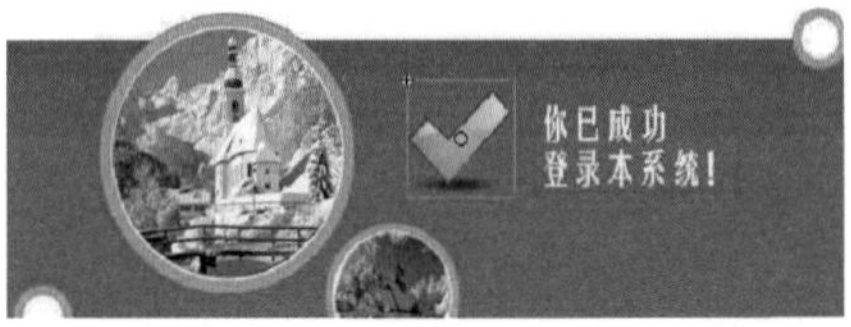

图5-36

为“确定”和“取消”，如图5-32~图5-34所示。

步骤7：在“登录”图层的第2帧插入空白关键帧，在舞台中创建提示登录失败的图像和文字，并在其下面拖入Button组件实例，设置其实例名称为Return。然后在第3帧处插入空白关键帧，在舞台中创建提示登录成功的图像和文字，如图5-35、图5-36所示。

步骤8：在“登录”图层的上方增加一个图层，命名为“as”，在第1帧处按F9键打开【动作】面板，首先输入停止“stop（）;”命令，然后创建名称为Ftext的TextFormat实例，用于定义文字的样式，并将其应用于Button、Label、TextInput等组件实例。最后侦听“确定”和“取消”按钮的鼠标单击事件。当单击“确定”按钮时执行其响应函数loginAction（），该函数判断用户输入的帐号和密码是否正确，并根据结果跳转到不同的帧处执行；当单击“取消”按钮时执行其响应函数resetAction（），该函数用于重置文本输入框，如图5-37所示。

步骤9：在“as”图层的第2帧插入空白关键帧，在【动作】面板中通过组件实例setStyle（）方法为“返回”按钮应用相同的文字样式。然后侦听“返回”按钮的鼠标单击事件，当事件发生时执行其响应函数ReturnAction（），使用时间轴播放头跳转并停止在第1帧处，如图5-38所示。

```
stop();
var Ftext:TextFormat=new TextFormat();
Ftext.font="隶书";
Ftext.size=14;
Ftext.color="#000000";
userTitle.setStyle("textFormat",Ftext);
pwdTitle.setStyle("textFormat",Ftext);
Submit.setStyle("textFormat",Ftext);
Reset.setStyle("textFormat",Ftext);
Submit.addEventListener(MouseEvent.CLICK,loginAction);
function loginAction(event:MouseEvent):void{
    var user:String=User.text;
    var pwd:String=Pwd.text;
    if(user=="admin"&& pwd=="123456"){
        gotoAndStop(3);
    }
    else{
        gotoAndStop(2);
    }
}
Reset.addEventListener(MouseEvent.CLICK,resetAction);
function resetAction(event:MouseEvent):void{
    User.text="";
    Pwd.text="";
}
```

图5-37

```
Return.setStyle("textFormat",Ftext);
Return.addEventListener(MouseEvent.CLICK,returnAction);
function returnAction(event:MouseEvent):void{
    gotoAndStop(1);
}
```

图5-38

5.5 案例——音乐贺卡

在这个案例中我们来制作一个音乐贺卡效果，通过这个案例学习声音的加载和case语句的使用。

步骤1：新建Flash文档（Action Script 3.0），并设置尺寸为500px×400px，帧频为12fps。

步骤2：将素材文件夹中的声音文件之外的其他素材导入到库中。在【库】面板中将"圣"、"诞"、"快"、"乐"四个字对应的元件分别选中，在右键快捷菜单中选择"类型"→"按钮"，如图5-39所示。

步骤3：修改图层名称为"背景"，并在该层的第1帧中拖入库中的bg1.jpg到舞台，在【属性】面板中设置其属性为"X：0"、"Y：0"。

步骤4：单击"插入图层"按钮，在"背景"层的上方新建一个名为"左幕"的图层，在该图层的第1帧中拖入库中的红色的幕布元件。按Ctrl+T键打开【变形】面板，取消"约束"，设置为"50%,100%"。在其【属性】面板中设置"X：0"、"Y：0"，将其置于舞台在左侧，如图5-40~图5-42所示。

步骤5：同理，在"左幕"层上方新建一个名为"右幕"的图层，在该层的第1帧中拖入库中的红色的幕布元件。在变形面板中设置长的百分比为50%，并将其置于舞台的右侧。

步骤6：单击"左幕"图层的第1帧，单击工具栏中的"任意变形"按钮，将左侧幕布的缩放中心移到左侧边缘，同理单击"右幕"图层的第1帧，将右侧幕布的缩放中心移动到右边边缘，如

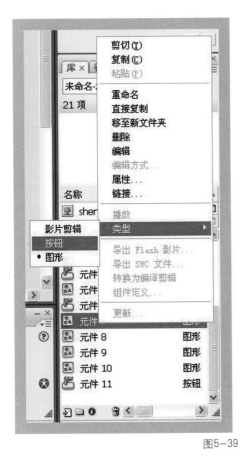

图5-39

图5-40

图5-41

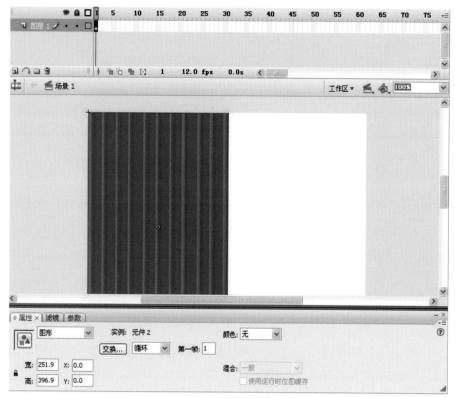

图5-42　　　　　　　　　　　　　　　　　　　图5-43

图5-43所示。

　　步骤7：在"左幕"图层的第20帧单击F6键创建关键帧，打开【变形】面板，将其长的百分比调整为0%，并创建补间动画。同理在"右幕"图层的第20帧创建关键帧，调整第20帧的长的百分比为0%，创建补间动画。

　　步骤8：在"背景"图层的上方创建一个名为"小屋"的图层，在其第10帧处插入关键帧，将【库】面板中的小屋图形元件拖入舞台的左下方。在第20帧处插入关键帧，在第1帧选中该图形元件，在其【属性】面板中设置Alpha值为0%，创建第10帧到第20帧的补间动画，如图5-44、图5-45所示。

　　步骤9：在"小屋"图层的上方新建一个名为"字"的图层，在其第15帧插入关键帧并将【库】面板的Happy Charismas的文字拖入舞台，在第25帧处插入关键帧并创建补间动画。选中第15帧，将字拖出窗口之外并在其【属性】面板中设置：旋转1次，如图5-46所示。

　　步骤10：在"字"图层的上方新建一个名为"路标"的图层，在【库】面板中将其类型更改为影片剪辑，在其第20帧处插入关键帧并将【库】面板中路标元件拖入舞台，在其【属性】面板中设置实例名称为：next。在第25帧处插入关键帧并创建补间动画，在第20帧处选中路标的实例，在【属性】面板中设置其Alpha为0%。在"小屋"图层的第25帧处按F5键插入帧，如图5-47、图5-48所示。

　　步骤11：在"右幕"图层的上方新建一个名为"礼品"的图层，在第30帧处插入关键帧，将【库】面板中的礼品元件拖入舞台中，在第45帧处插入

图5-44

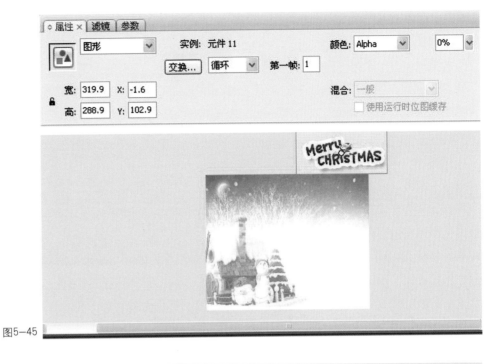

图5—45

图5—46

图5—47

图5—48

关键帧，分别设置第30帧处元件的Alpha为20%，第45帧处元件的Alpha为75%，创建补间动画。

步骤12：在"礼品"图层的上方新建一个名为"老人"的图层，在第35帧处插入关键帧，将【库】面板中的圣诞老人元件拖入舞台中，在第50帧处插入关键帧并创建补间动画，选中第35帧，将圣诞老人移到窗口的右侧，如图5-49所示。

步骤13：同理，在"老人"层的上方新建一个名为"圣"的图层，在第40帧插入关键帧，将【库】面板中的"圣"字的按钮元件拖入舞台，选中"圣"字按钮，在其【属性】面板中设置实例的名称为shengBtn，创建第40帧到第50帧的从舞台左侧到舞台上的补间动画；新建一外名为 "诞"的图层，同理设置实例名称为danBtn，并在第45帧到第55帧创建文字移动的补间动画；新建一个名为"快"的图层，设置实例名称为kuaiBtn，并在第50帧到第60帧创建文字移动的补间动画；新建一个名为"乐"的图层，设置实例名称为leBtn，并在第55帧到第65帧创建文字移动的补间动画。在"圣"、"诞"、"快"、"老人"、"礼品"和"背景"图层的第65帧插入帧进行画面延续，如图5-50、图5-51所示。

步骤14：在"乐"图层的上方新建一个名为"as"的图层，选中第1帧打开【动作】面板，为影片添加背景音乐，并加载影片需要播放的几首音乐，如图5-52所示。

步骤15：在"as"图层的第25帧插入关键帧，按F9键打开【动作】面板，添加Stop（）方法暂停影片播放。同时为next影片剪辑添加鼠标单击事件，按钮影片继续播放，如图5-53所示。

步骤16：在"as"图层的第65帧插入关键帧，在【动作】面板中添加stop（）方法暂停影片播放。使用switch语句分别为shengBtn、danBtn、kuaiBtn和leBtn四个按钮元件添加鼠标单击事件，如图5-54所示。

图5-49

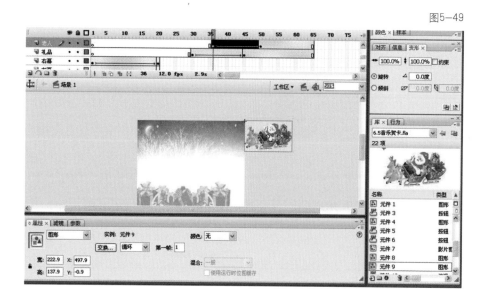

图5—50

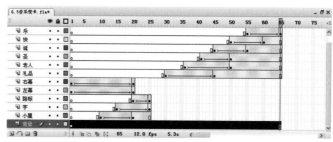

图5—51

```
1  var soundTrack1:URLRequest=new URLRequest("音乐贺卡-素材/music1.mp3");
2  var soundTrack2:URLRequest=new URLRequest("音乐贺卡-素材/music2.mp3");
3  var soundTrack3:URLRequest=new URLRequest("音乐贺卡-素材/music3.mp3");
4  var soundTrack4:URLRequest=new URLRequest("音乐贺卡-素材/music4.mp3");
5  var soundTrack5:URLRequest=new URLRequest("音乐贺卡-素材/music5.mp3");
6  //实例化各个声音请求对象
7  var mainSound:Sound=new Sound(soundTrack1);
8  var currentSoundChannel=mainSound.play();
```

图5—52

```
1  stop();
2  next.addEventListener(MouseEvent.CLICK,playNextScene);
3  function playNextScene(event:MouseEvent):void{
4      gotoAndPlay(30);
5  }
```

图5—53

```
1   stop();
2   shengBtn.addEventListener(MouseEvent.CLICK,playNewMusic);
3   danBtn.addEventListener(MouseEvent.CLICK,playNewMusic);
4   kuaiBtn.addEventListener(MouseEvent.CLICK,playNewMusic);
5   leBtn.addEventListener(MouseEvent.CLICK,playNewMusic);
6   function playNewMusic(event:MouseEvent):void{
7       currentSoundChannel.stop();
8       switch(event.target.name){
9           case "shengBtn": mainSound=new Sound(soundTrack2);
10          break;
11          case "danBtn":mainSound=new Sound(soundTrack3);
12          break;
13          case "kuaiBtn":mainSound=new Sound(soundTrack4);
14          break;
15          case "leBtn":mainSound=new Sound(soundTrack5);
16          break;
17      }
18      currentSoundChannel=mainSound.play();
19  }
20
```

图5—54

第六章
网络中的Flash动画应用

第六章

随着网络的普及，越来越多的目光聚焦到网络媒体平台，也有越来越多的艺术家将自己的作品与网络媒体结合进行创作。Flash软件是网络艺术家们首选的动画创作工具。艺术家们创作的作品包括网页、网络广告、Flash公益动画等多种形式，下面我们选择其中常见的网站片头来进行学习。

6.1 应用实例——制作网站片头

网站片头是在网页加载时，先行展示给网络浏览者的一个短小却又精彩的动画。好的网站片头能吸引浏览者的目光，使浏览者耐心等待网页加载的这一段时间。因此，网站片头必须有精彩的画面，最好能有声音的辅助。网站片头展示的文字、图片最好能简单直观，切合网站主题。

下面我们来制作一个虚拟的网站"绿野仙踪休闲社区"的网站片头。完成文件参见：第二部分 Flash动画实战/第六章 网络中的Flash动画应用/绿野仙踪休闲社区.fla。

步骤1：新建Flash文件（Action Script 2.0），在属性面板中修改场景大小为550×300像素。将 第二部分 Flash动画实战/第六章 网络中的Flash动画应用/素材文件夹中的背景.jpg、树叶1.jpg、树叶2.jpg、树枝.jpg四张图片导入到库面板中，如图6-1所示。

步骤2：制作"Enter"按钮元件。新建按钮元件，命名为"Enter"。在按钮元件的"弹起"帧，使用文本工具输入浅灰色的文字"Enter"。在属性面板中修改其字体为"Impact"。字体大小可根据场景大小自定，如图6-2所示。

在"指针划过"、"按下"、"点击"各帧上单击右键，选择"插入空白关键帧"。复制该文字，在"指针划过"和"按下"这两帧中，分别使用

图6-1

图6-2

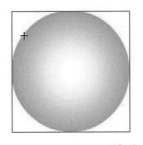

图6-3　　　　　　　　　　图6-4　　　　　　　　　　图6-5　　　　　　　　　　图6-6

鼠标右键，在场景中单击，选择"粘贴到当前位置"。使复制出来的文字与"弹起"帧的文字位置重合。

步骤3：修改"指针划过"帧的文字为橘黄色，修改"按下"帧的文字为浅绿色。将各帧里的文字都使用"Ctrl+B"按两次，打散为图形模式。这样做是为了避免某些字体对象会导致Flash不能测试影片。在"点击"空白关键证中，使用矩形工具绘制一块矩形区域。可以不要线框，但是一定要有填充色。点击"场景一"，退出对"Enter"按钮元件的编辑，如图6-3所示。

步骤4：新建"水珠"影片剪辑元件。按住"Alt+Shift"键，使用椭圆工具绘制一个没有线框的正圆。通过"窗口"菜单打开"颜色"面板，调整正圆的填充色为"放射状"，起始点颜色为白色，Alpha为0%，结束点颜色为浅绿色，与背景颜色协调，Alpha值为100%，如图6-4所示。

步骤5：在图层1上新建图层2，在图层2里使用刷子工具，绘制白色的高光。点击场景1，完成对"水珠"元件的编辑，如图6-5所示。

步骤6：将"树叶1"图片从库面板中拖到场景中，使用对齐面板的"相对于舞台"选项和"匹配宽和高"功能，使图片变得和舞台相同大小。选择图片，打开"修改"菜单下的"位图"—"转换位图为矢量图"，使用默认参数。将jpg的图片转换为矢量图形。如图6-6所示。

步骤7：使用"选择工具"，点击矢量图形周围的白色区域，则相连的白色区域全部被选中。按键盘"Delete"键进行删除。框选剩下的树叶，使用"修改"菜单下的"合并对象"—"联合"命令，将树叶转化为一个对象。在其上点击右键，选择"转化为元件"，将其转化为一个影片剪辑元件，命名为"树叶1"。如图6-7所示（树叶1影片剪辑元件）。

步骤8：创建"树叶2"元件。将树叶2图片从库面板中拖入场景，选择图片，打开"修改"菜单下的"位图"—"转换位图为矢量图"，使用默认参数。将jpg的图片转换为矢量图形，如图6-8所示。

步骤9：使用"选择工具"，点击矢量图形周围的白色区域，则相连的白色区域全部被选中。按键盘"Delete"键进行删除。将多余的树叶也删除。留下如图6-9所示的树叶。

图6-7

步骤10：框选剩下的树叶，使用"修改"菜单下的"合并对象"—"联合"命令，将树叶转化为一个对象。在其上点击右键，选择"转化为元件"，将其转化为一个影片剪辑元件，命名为"树叶2"，如图6-10所示。

步骤11：从场景中删除"树叶2"元件，它被保留在了库面板中。接下来，开始创建"树枝"影片剪辑元件。将"树枝"图片从库面板中拖动到舞台上。选择图片，打开"修改"菜单下的"位图"—"转换位图为矢量图"，使用默认参数。将jpg的图片转换为矢量图形，如图6-11所示。

步骤12：我们只需要整张图片的一个树枝。因此大部分都需要进行删除。这里除了使用"选择工具"进行相同颜色部分的删除外，还可以用"套索工具"框选一定的区域进行删除。保留如图所示的部分。如图6-12所示。

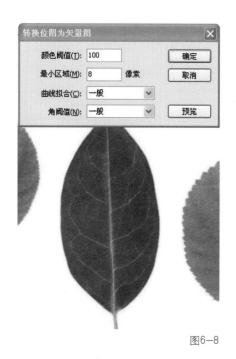

图6-8

图6-9

图6-10

图6-11

图6-12

图6-13

图6-14

图6-15

图6-16

图6-17

图6-18

步骤13：框选剩余图形，点击鼠标右键，选择"转换为元件"，将它装换为"树枝"图形元件，并从舞台上删除。

步骤14：接下来创建"环形遮罩"图形元件。插入新建"图形元件"，命名为"环形遮罩"。使用椭圆工具，对象模式，无线框，有填充颜色，按住"Ctrl+Shift"绘制正圆。按"Ctrl+C"复制，在空白处点击右键，点击"粘贴在当前位置"。将粘贴出来的正圆。使用任意变形工具，按住"Shift+Alt"键拖动，使其比原来的正圆稍大，并变化它的颜色。在其上点击右键，选择"排列"—"下移一层"，结果如图6-13所示。

步骤15：框选两个正圆，按"Ctrl+B"，将它们打散，使用"选择工具"点选中间圆形进行删除，留下边上圆环。将圆环框选，并使用"修改"菜单下的"合并对象"—"联合"合并为一个对象，使用相同方式，绘制一个更大的圆环在其外侧，如图6-14所示。

步骤16：在两个圆环的中心，再绘制一个同心圆。框选两个圆环和实心正圆，将它们一起打散，再做"合并对象"—"联合"。点击"场景1"退出对"环形遮罩"元件的编辑，并在舞台上删除该元件，如图6-15所示。

步骤17：新建图形元件，命名为"text"。使用文本工具在场景中输入"绿野仙踪休闲社区"。字体为华文行楷，大小为30点。颜色为灰色，如图6-16所示。

步骤18：在以上的步骤中完成了需要的各个元件的制作。从这一步开始，进入主场景动画的制作。首先，将主场景图层1重命名为"背景"，在第43帧插入空白关键帧，将库面板中将背景.jpg图片拖到场景中。通过"窗口"菜单，打开对齐面板。保持"相对于"舞台为打开状态，先点击"匹配高和宽"，再点击"左对齐"、"顶对齐"。在100帧插入普通帧。锁定"背景"图层。背景图层如图6-17所示。

步骤19：在"背景"图层上，新建"背景遮罩"图层，在第43帧插入空白关键帧，将库面板中的"环形遮罩"元件拖动到场景中，如图6-18所示。

步骤20：在第43帧~50帧创建传统补间动画。在第50帧转换为关键帧，将第43帧的环形遮罩缩小，第50帧的环形遮罩放大到中间的实心圆形能覆盖整个背景。在第43帧上点击右键，选择"创建传统补间"，如图6-19所示。

步骤21：新建"树叶1"图层，将树叶1元件拖动到舞台顶端，并进行缩放旋转到如图6-20所示位置。

步骤22：新建"树枝"图层，将"树枝"图形元件拖动到舞台，如图6-21所示的位置，并缩放其大小。打开属性面板，调整其色彩效果下面的色调值为50%。

步骤23：在"树枝"图层上，再新建"树枝1"图层。将"树枝"图层上的"树枝"元件，按"Ctrl+C"复制，在"树枝1"图层的场景中，点击右键，选择"粘贴到当前位置"。这样两个图层的图形完全重叠。打开属性面板，调整其色彩效果下面的色调值为16%。将"树枝1"图层第1关键帧使用鼠标左键拖动到第20帧。这样，该图层前面的19帧都没有图像。如图6-22所示。

步骤24：在"树枝1"图层上新建"树枝遮罩"图层。在第20帧插入空白关键帧，将"环形遮罩"拖入场景中，在第26帧插入关键帧。调整20帧的元件为较小的形态，调整26帧的元件内部实心圆能遮罩整个树枝元件。在20帧上点击右键，选择"创建传统补间"。将该图层转换为遮罩层，如图6-23所示。

步骤25：新建"水珠"图层，将库面板中的"水珠"元件拖动到树叶1上面。配合树叶1的大小缩放其大小，然后在第1~50帧创建表现水珠从树叶上滴落下来的传统补间动画，如图6-24所示。

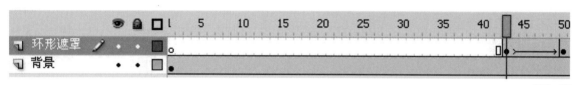

图6-19

图6-20

图6-21

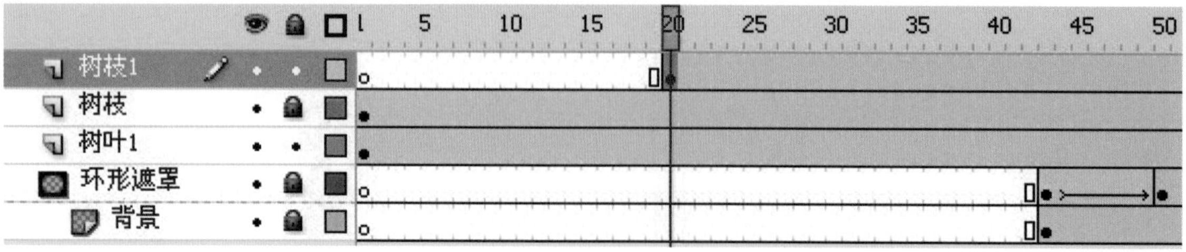

图6-22

步骤26：点击第1帧，打开窗口属性面板。调节其缓动曲线如图所示。使其运动呈现越来越快的趋势，比较符合真实的运动规律，如图6-25所示。

步骤27：新建树叶2图层，在第58帧插入空白关键帧，将"树叶2"元件拖入场景中，缩放其大小。旋转角度，调节其位置。在98帧插入关键帧。在58帧上点击右键，选择"创建传统补间"。如图6-26所示。

步骤28：点击第58帧，打开属性面板，设置其顺时针旋转1周，并勾上调整到路径，如图6-27所示。

步骤29：在"树叶2"上点击右键，选择"添加传统运动引导层"，绘制如图6-28所示的曲线。

步骤30：点击第58帧，将树叶2元件中心点吸附到路径曲线开始位置，点击第98帧，将树叶2元件吸附到曲线结束位置，如图6-29所示。这样就有了一边飘落，一边旋转的动画效果。

步骤31：新建"text"图层，将"text"元件拖入场景。在第15帧插入关键帧。选中第1帧的元件，打开属性面板，调节其色彩效果下的Alpha值为0。如图6-30所示，点击第1关键帧，右键单击，选择"穿件传统补间"。

步骤32：新建"button"图层，将"Enter"元件拖入舞台中，在第25帧插入关键帧。选中第1帧，打开属性面板，调节其色彩效果下的Alpha值为10%。选中第25帧，打开属性面板，调节其色彩

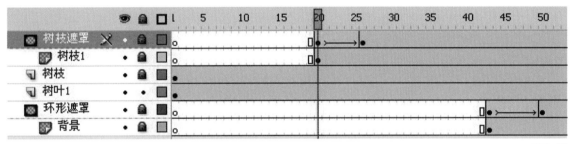

图6-23

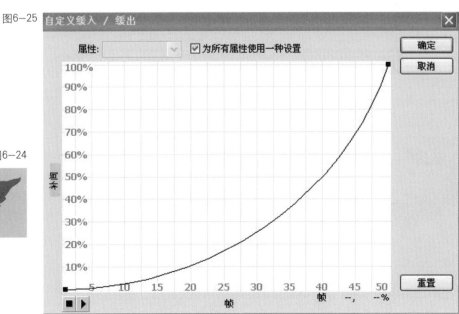

图6-25

图6-24

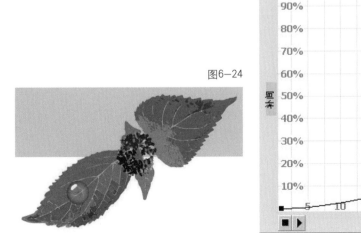

效果下的Alpha值为50%。在其上点击右键，选择"创建传统补间"。这样出现了按钮越来越清晰的动画。当前场景如图6-31所示。

步骤33：在"button"图层第1关键帧上，点击右键，打开"动作"面板。输入语句：

Stop（）;

该语句实现了动画会停止在第1帧的功能。如图6-32所示。

步骤34：点击"Enter"按钮，右键选择"动作"面板，输入以下语句：

```
on （press） {
    play（）;
}
```

该语句实现了一旦点击按钮，动画将开始播放的功能。如图6-33所示。

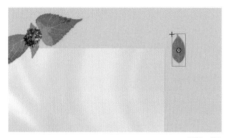

图6-26

图6-27

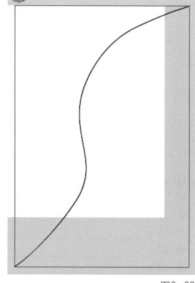

图6-28

图6-29

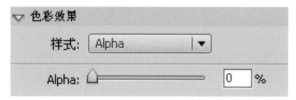

图6-30

图6-32

图6-31

图6-33

步骤35：整理个图层的帧数到100帧。

整个案例制作完成。完成的源文件保存在：第二部分 Flash动画实战/第六章 网络中的Flash动画应用/绿野仙踪休闲社区.fla。

6.2　声音的插入与编辑

在Flash动画的制作过程中，声音的使用是必不可少的，如背景音乐、人物对白、音效等。缺少了声音，动画的综合效果会大打折扣。

在Flash中支持两种类型的声音，一种是事件声音，一种是音频流（流式声音），它们的不同之处体现在音频的播放中。

（1）事件声音

事件声音可以设置为按钮的声音，也可以作为影片中的循环音乐。如果是在网络中播放的，添加事件声音的Flash影片，必须等声音内容全部下载完毕后，才可以听到声音。无论在什么情况下，事件声音都会从头播放到尾，不会中断，而且无论声音长短，只能插入到一个帧中。

（2）音频流

流式声音可以说是Flash的背景音乐，它与动画的播放同步，只需下载影片开始的前几帧就可以播放，可以一边下载，一边播放。在制作在线音频、MTV等比较长的音效时，通常都使用音频流类型。

图6-34

声音文件的类型

Flash中可以处理多种格式的声音文件，如MP3、WAV、AU、MOV、AIFF/AIF等（前三种可以在Flash中直接进行处理，后几种需要有QuickTime4或更高版本的支持）。将声音文件从外部导入到库就可以应用了。

下面我们通过给6.1中完成的网站片头添加声音来学习如何给动画添加声音效果。

步骤1：打开第二部分 Flash动画实战/第六章 网络中的Flash动画应用\绿野仙踪休闲社区.fla。先将文件另存为：第二部分 Flash动画实战\第六章 网络中的Flash动画应用/声音添加休闲社区.fla。这样纵是制作过程中出现意外情况，也有一个备份。

步骤2：使用"文件"菜单下的"导入"—"导入到库"，将 第二部分 Flash动画实战/第六章 网络中的Flash动画应用/素材/声音素材 四个文件导入到flash的库面板中，这样以便随时取用。如图6-34所示。

步骤3：首先来为水滴动画配音。在最上面新建"声效"图层，因为事先对"水滴.wav"的长度进行过测试，大约为10帧这么长。而水珠动画在50帧划出画面结束。因此，在"声效"图层的第40帧插入空白关键帧，将"水滴.wav"拖入舞台中。如图6-35所示，可以按下"Ctrl+Enter"键进

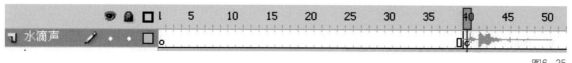

图6-35

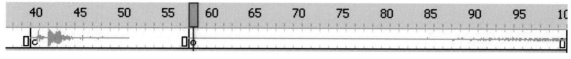

图6-36

行声音效果的测试。

步骤4：接下来，为飘落的树叶配上风声的效果。飘落的树叶从58帧开始，至98帧结束。而声效图层的58帧已经没有水滴声效，插入空白关键帧不会对之前的声效造成影响。选择"声效"图层的第58帧，插入空白关键帧，将"风声.wav"插入场景。可以按下"Ctrl+Enter"键进行声音效果的测试。"风声.wav"拖到舞台之后声效图层显示如图6-36所示。

步骤5：增加了风声效果的动画经过测试，发现仍有以下问题。一是动画结束后，风声仍未结束，二是将要结束阶段，风声效果比较大，希望它出现逐渐变小的效果。解决第一个问题，可以将插入"风声.wav"的第58帧选中，打开属性面板，设置声音的同步为"数据流"类型，如图6-37所示。

步骤6：解决第二个问题，则需要对声音进行编辑。点击属性面板上效果选项后面的画笔形状，弹出"编辑封套"对话框。该对话框是在Flash内部编辑声音的主要场所。"编辑封套"对话框如图6-38所示。

步骤7：在该对话框的右下角有放大工具、缩小工具、以秒为单位显示、以帧为单位显示。而对话框中间有数字的地方，就是对应了单位长度的标尺。而标尺上面下面杂乱起伏的曲线波形则是左声道与右声道声音的大小。这里我们将标尺单位设置为帧，用缩放工具调节使其显示范围大约是58到100帧的范围，如图6-39所示。

步骤8：注意左声道与右声道上面均有一个白色方块在一条水平的横线上，拖动该方块上下移动则整条横线跟着上下移动。该横线较低时，声音较小，横线较高时，声音较大。而我们还可以在横线上任意位置单击增加白色方块，去对横线局部高度进行修改。依据这个原理。我们在75帧处增加一个方块，第100帧处增加一个方块，并将100帧处的方块拖动到最下方。这样，将会在75帧到100帧出现声音逐渐变小的效果，这也被称为"淡出"效果，如图6-40所示。

步骤9：在最上面新建"背景音乐"图层，将背景音乐.wav拖到舞台中。设定其属性里的同步方式为"数据流"。编辑其封套为36帧到60帧的淡出效果。如图6-41所示为背景音乐1的淡出效果。

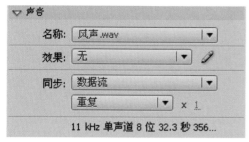

图6-37

步骤10：在"背景音乐"图层上新建"背景音乐2"。在第48帧处插入空白关键帧，将"背景2.wav"拖到舞台上，编辑其淡入效果为56帧到64帧的淡入，86帧到100帧的淡出。这样，我们实现了两种声音的较好的衔接（图6-42所示为背景音乐2的淡入淡出效果）。

做到这里，我们完成了向flash动画里面添加声音，并对声音进行了编辑。

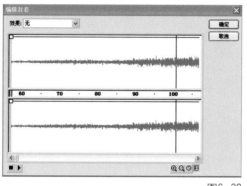

图6-38

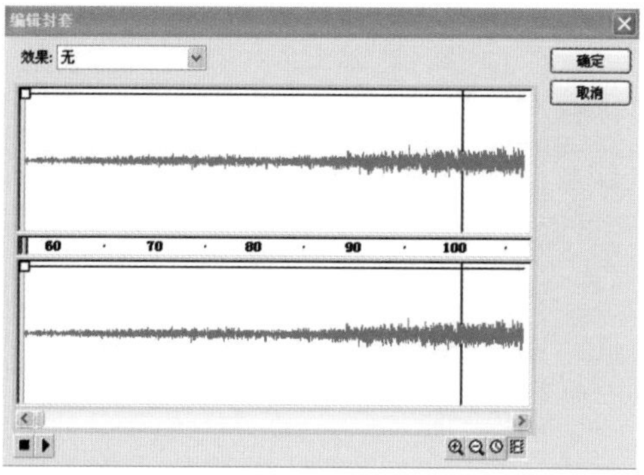

图6-39

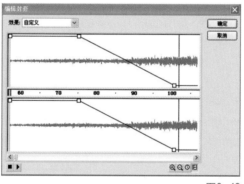

图6-40

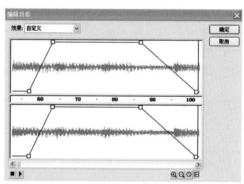

图6-41

第七章
Flash动画的发布

第七章

在完成了Flash动画制作后，就可以将Flash文件发布，或导成其他格式的文件，或将Flash动画发布到Web网站上，使用户能够在互联网上看到完成的动画作品。在将Flash文件发布或导出前，还要对文件进行必要的测试和优化，以确保动画能够顺利播放及在网络中被浏览者欣赏。本章主要介绍了Flash动画的测试、优化、导出和发布，详细介绍了导出和发布相关参数的设置及导出和预览、发布动画的方法步骤。

7.1 Flash动画的测试

Flash提供了强大的测试功能，因为Flash动画一般是在网络上播放，所以文件的大小对动画的播放流畅度影响很大，如果文件太大，浏览者很可能没有耐心等待动画加载完毕。作为优秀的动画设计师，不但要有全面的设计技术、敏锐的艺术感觉、新鲜的创意和创造力，还应掌握用最小的文件表现最完美的动画效果。

可以在两种环境下测试影片，动画编辑环境和动画测试环境。

简单动画测试

简单动画测试无需打开任何专门窗口，直接在动画编辑环境下，就可以对动画进行测试了。进行简单测试的方法有：

（1）直接按下Enter键。

（2）选择【控制】菜单下的菜单命令，如图7-1所示。

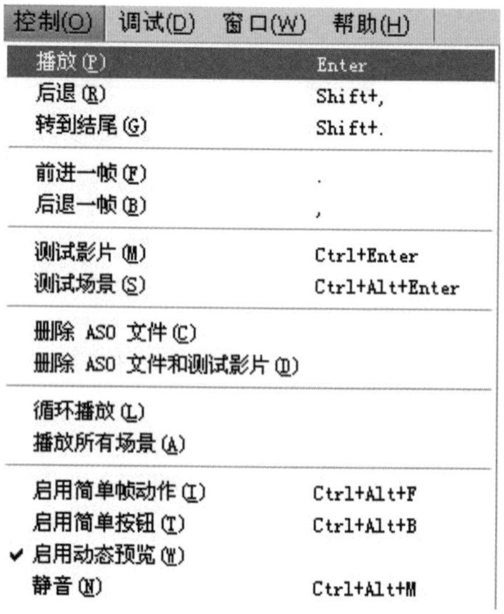

图7-1

（3）选择【窗口】→【工具栏】→【控制器】命令，打开如图7-2所示的播放控制器，单击其中的播放控制按钮进行动画测试。

图7-2

但在简单测试中，动画中的影片剪辑元件、按钮元件以及脚本语言也就是影片的交互式效果均不能得到测试，而且在动画编辑模式下测试影片得到的动画速度比输出或优化后的影片慢。

交互控制测试

在编辑环境下通过设置，可以对按钮元件以及简单的帧动作（play、stop、gotoplay和gotoandstop）进行测试。

（1）按钮元件测试

要在动画编辑环境下测试按钮元件，选择【控制】→【启用简单按钮】命令。此时按钮将做出与最终动画中一样的响应，包括这个按钮所附加的脚本语言，如图7-3所示的四个按钮，启用简单按钮命令后，就可以在编辑环境下测试按钮动作了。

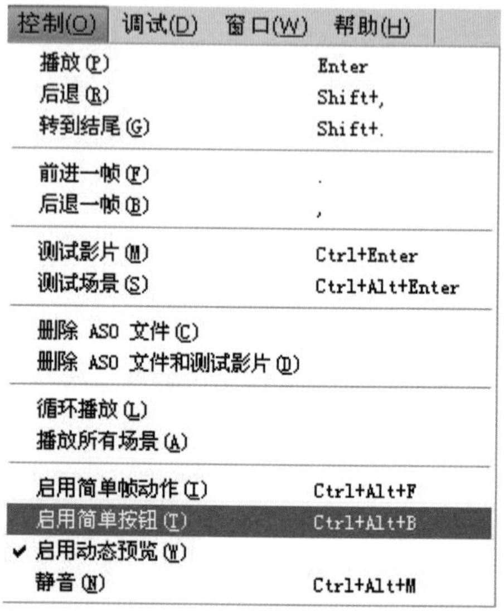

（2）简单帧动作测试

要在动画编辑环境下测试简单的帧动作（play、stop、gotoplay和

图7-3

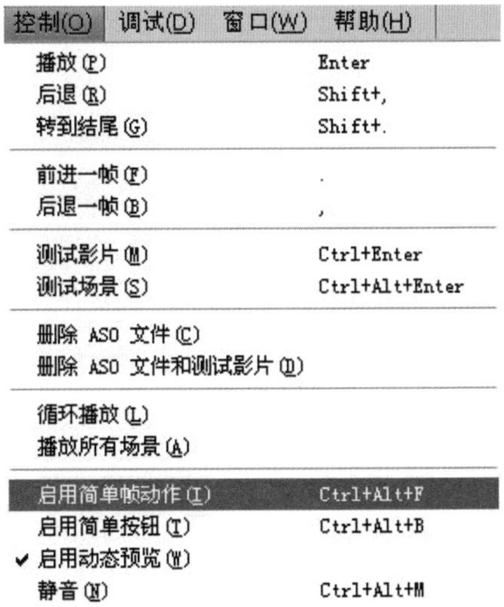

图7-4（左侧菜单）

控制(O)	调试(D)	窗口(W)	帮助(H)

播放(P)	Enter
后退(R)	Shift+,
转到结尾(G)	Shift+.
前进一帧(F)	.
后退一帧(B)	,
测试影片(M)	Ctrl+Enter
测试场景(S)	Ctrl+Alt+Enter
删除 ASO 文件(C)	
删除 ASO 文件和测试影片(D)	
循环播放(L)	
播放所有场景(A)	
启用简单帧动作(I)	Ctrl+Alt+F
启用简单按钮(T)	Ctrl+Alt+B
✔ 启用动态预览(W)	
静音(N)	Ctrl+Alt+M

图7-4

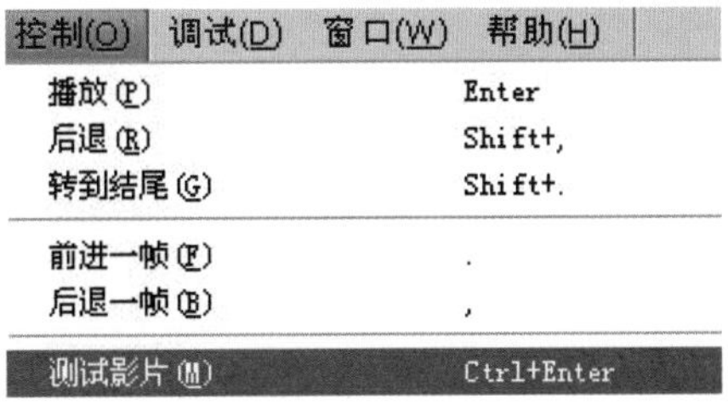

图7-5（中间菜单）

控制(O)	调试(D)	窗口(W)	帮助(H)

播放(P)	Enter
后退(R)	Shift+,
转到结尾(G)	Shift+.
前进一帧(F)	.
后退一帧(B)	,
测试影片(M)	Ctrl+Enter

图7-5

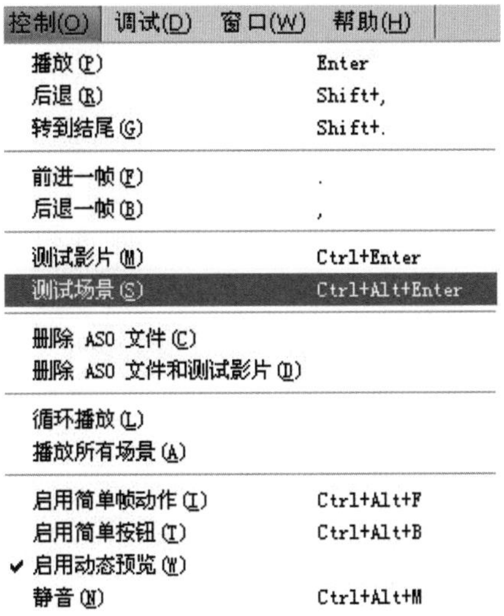

图7-6（右侧菜单）

控制(O)	调试(D)	窗口(W)	帮助(H)

播放(P)	Enter
后退(R)	Shift+,
转到结尾(G)	Shift+.
前进一帧(F)	.
后退一帧(B)	,
测试影片(M)	Ctrl+Enter
测试场景(S)	Ctrl+Alt+Enter
删除 ASO 文件(C)	
删除 ASO 文件和测试影片(D)	
循环播放(L)	
播放所有场景(A)	
启用简单帧动作(I)	Ctrl+Alt+F
启用简单按钮(T)	Ctrl+Alt+B
✔ 启用动态预览(W)	
静音(N)	Ctrl+Alt+M

图7-6

gotoandstop等），选择【控制】→【启用简单帧动作】命令，如图7-4所示。

在动画测试环境下测试

要测试一个动画的全部内容，选择【控制】→【测试影片】命令。Flash将自动导出当前动画中的所有场景，然后将文件在新窗口中打开，如图7-5所示。

要测试一个场景的全部内容，选择【控制】→【测试场景】命令。Flash仅导出当前动画中的当前场景，然后将文件在新窗口中打开，且在文件选项卡中标示出当前测试的场景，如图7-6所示。

7.2　优化Flash动画

（1）多使用元件。在动画中使用两次或两次以上的元素要转换为元件。元件只在库中保存一次。重复使用一个元件不会明显加大动画文件的大小，并只能被下载一次。

（2）多使用补间动画。创建动画时，尽可能使用补间动画，尽量避免使用逐帧动画。补间动画的过渡帧可以计算到，因此其数据量远远少于逐帧动画。

（3）位图优化。位图一般作为背景或静态元素，因尽量避免使它运动。如果将位图转换为矢量图，还应对转换后的矢量图进行优化。导入的位图应在库面板中进行压缩，操作方法如下，双击库面板中的位图图标，弹出"位图属性"对话框，取消"使用文档默认品质"复选框的勾选，设置JPEG的压缩品质，品质值越高，文件就越大，如图7-7所示。

（4）合理使用声音文件。尽可能使用 mp3 这种占用空间最小的声音格式，如非必需，不需添加太长的声音文件。

（5）元素优化。尽可能组合相关元素。将动画过程中发生变化的元素与保持不变的元素分散在不同的图层上。

（6）选择【修改】→【形状】→【优化】将用于描述形状的分隔线的数量降至最少，如图7-8所示。

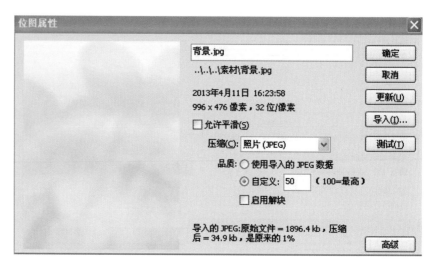

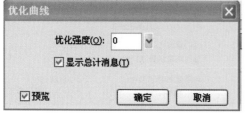

图7-7

图7-8

（7）多用实线，少用虚线。限制特殊线条类型（如虚线、点线、波浪线等）的数量。实线所需的内存较少。用"铅笔"工具创建的线条比用刷子笔触创建的线条所需的内存更少。

（8）文字优化。尽量减少字体和字体样式的数量。将字体打散并不能减少文件体积，相反会使文件变大，如果要重复使用文字，建议将其转换为元件。

（9）色彩优化。尽量使用颜色调色板中的颜色，尽量少用过渡色。使用【颜色】面板（【窗口】→【颜色】），使文档的调色板与浏览器特定的调色板相匹配。

7.3 导出Flash动画

将Flash动画优化并测试后，就可以利用导出命令将动画导出为其他文件格式。导出与发布不同，每次导出操作只能生成一种格式的文件，同时导出的设置不被存储。导出的文件可以在其他应用程序中编辑和使用。在【文件】→【导出】菜单下有两个导出命令，如图7-9所示。"导出图像"命令用于导出静态图，"导出影片"命令用于导出动态作品或动画序列图像。

导出影片的操作步骤为：

（1）选择【文件】→【导出】→【导出影片】命令，弹出"导出影片"对话框，如图7-10所示。

要求用户选择导出文件的保存路径和文件类型，并输入导出文件名。Flash支持导出的动画类型，如图7-11所示，这里有单个的动画文件，也有多个图像文件组成的图像序列。

（2）从"保存类型"下拉列表中选择要导出的文件类型（默认为swf），选择保存路径，输入文件名，点击"保存"按钮。这时会根据用户选择的文件类型弹出相应的参数设置对话框，可以对参数进行设置。

（3）保持默认设置，会出现一个导出进度条，如图7-12所示，文件被导出为一个独立的动画文件或动画序列文件。

（4）在磁盘的保存路径中找到导出的动画文件，双击就可以播放了，这说明动画文件已经可以脱离Flash编辑环境独立播放了。

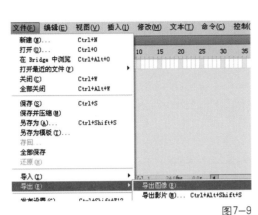

图7-9

图7-10

图7-11

图7-12

图7-13

导出图像的操作步骤与导出影片相似，不同的是：（1）需要选择【文件】→【导出】→【导出图像】命令；（2）只支持导出单个图像文件。

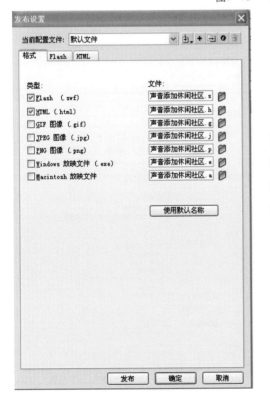

7.4 动画的发布

可以将Flash影片发布成多种格式，而在发布之前需进行必要的发布设置，定义发布的格式以及相应的设置，以达到最佳效果。在"发布设置"对话框中，可以一次性发布多种格式文件，且每种文件均保存为指定的发布设置，可以拥有不同的名字。本节将详细介绍Flash动画的发布设置、发布预览和发布。

发布前的格式设置

选择【文件】→【发布设置】命令。弹出"发布设置"对话框，如图7-13所示。

勾选"类型"选项组中的格式，可以设置发布的文件类型，默认只发布Flash和HTML两种格式文件，当勾选其他文件类型前的复选框，则会添加该类型文件的选项卡。

在"文件"下面的文本框中有与Flash源文件（*.fla）同名的名称，也可以输入文件名为相应的文件类型命名。如果选择了多种发布格式，动画发布后，可以同时生成多个文件。

操作步骤：

1. 选择需要发布的格式

（1）打开动画文档，再选择"文件"→"发布设置"命令弹出"发布设置"对话框。

（2）在"格式"选项卡"类型"栏中选中"Flash（*.swf）"复选框和"HTML（*.html）"复选框，在其后的"文件"文本框中输入保存文档的名称，或者单击其后的按钮，在弹出的"选择发布目标"对话框，如图7-14所示。

（3）在"保存在"下拉列表框中选择要保存文档的位置，再在"文件名"下拉列表框中输入要保存文档的名称，并单击按钮关闭对话框，完成保存位置的设置。

2. Flash发布设置

设置Flash属性

（1）打开动画文档，再选择"文件"→"发布设置"命令弹出"发布设置"对话框，选项"Flash"选项卡，如图7-15所示。

（2）在"版本"下拉列表框中可选择一种播放器版本，范围从Flash Player 1播放器到Flash Player 10播放器。Flash CS4对应的Flash Player 10，因此发布版本最好选择"Flash Player 10"。

图7-15

图7-14

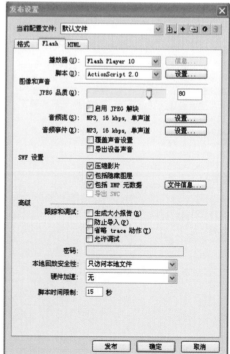

118

图7-16

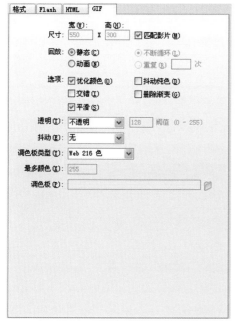

图7-17

（3）在"加载顺序"下拉列表框中可设置Flash如何加载动画中各图层的顺序，通常采用的默认设置即可。

（4）在"Action Script版本"下拉列表框用于设置发布动画的Action Script版本，其选择原则是与创建Flash文档时所选的Action Script版本保持一致，如创建Flash文档时选择的是"Flash文件（Action Script 2.0）"则这里应选择"Action Script 2.0"选项。

（5）在"选项"栏中选中"生成大小报告"复选框后，在发布动画时会自动生成一份大小报告文本，从中可查看Flash动画文件的大小情况。选中"防止导入"复选框后可防止其他人导入Flash动画并将它转换为Flash文件，选中该复选框后，其后的"密码"文本框将变为可写，此时输入密码即可防止导出的Flash动画被导入。选中"压缩影片"复选框可以压缩Flash动画，从而减小文件大小，缩短下载时间。如果文件中存在大量的文本或ActionScript语句时，默认情况下会选中该复选框。

（6）在"JPEG品质"栏中可设置Flash动画中图像的品质，其值越大，发布的Flash文档越大，同时，图像质量也最好。通常考虑到图像质量对其动画文档的大小及下载传播的速度的因素，通常只需要设置为"80"即可。

（7）在"音频流"栏中单击其右侧的按钮，在弹出的"声音设置"对话框中可设定导出的流式音频的压缩格式、位比率和品质等，如图7-16所示。

（8）在"音频事件"栏中单击其右侧的按钮，在弹出的"声音设置"对话框（和设置音频流的对话框完全相同），在其中可设定动画中事件音频的压缩格式、位比率和品质等。

（9）在"本地回放安全性"下拉列表框中可设置本地回放的安全性，包括"只访问本地文件"和"只访问网络"两个选项。

3. GIF发布设置

使用GIF文件可以导出绘画和简单动画，以供在网页中使用。标准GIF文件是一种压缩位图。GIF动画文件（有时也称作GIF89a）提供了一种简单的方法来导出简短的动画序列。GIF发布设置选项卡如图7-17所示。

设置GIF属性

（1）打开动画文档，再选择"文件"→"发布设置"命令弹出"发布设置"对话框，选项"GIF"选项卡。

（2）在"尺寸"文本框中可以输入导出的位图图像的"宽度"和"高度"值，选中后面的"匹配影片"复选框可使GIF和Flash动画大小相同并保持原始图像的高宽比。

（3）在"回放"栏中可选择创建的是静止图像还是GIF动画，如果选中"动画"单选按钮，将激活"不断循环"和"重复"单选按钮，设置GIF动画的循环或重复次数。

（4）在"选项"栏中选中"优化颜色"复选框，从GIF文件的颜色表中删除所有不使用的颜色，这样可使文件大小减小1000~1500字节，并且不影响图像品质。选中"平滑"复选框可消除导出位图的锯齿，从而生成高品质的位图图像，并改善文本的显示品质，但会增大GIF文件的大小。

（5）在"透明"下拉列表框中选择一个选项以确定动画背景的透明度以及将Alpha设置转换为GIF的方式。

（6）在"抖动"下拉列表框中选择一个选项，可用于指定可用颜色的像素如何混合模拟当前调色板中不可用的颜色。

4．JPEG发布设置

JPEG格式可将图像保存为高压缩比的24位位图。通常，GIF 格式对于导出矢量绘画效果较好，而JPEG格式更适合显示包含连续色调（如照片、渐变色或嵌入位图）的图像。JPEG发布设置选项卡如图7-18所示。

（1）打开动画文档，再选择"文件"→"发布设置"命令弹出"发布设置"对话框，选项"JPEG"选项卡。

（2）在"尺寸"文本框中可以输入导出的位图图像的"宽度"和"高度"值，选中后面的"匹配影片"复选框可使JPEG图像和Flash动画大小相同并保持原始图像的高宽比。

（3）在"品质"栏中可拖动滑动条或在其后的文本框中输入一个值可设置生成的图像品质的高低和图像文件的大小。

（4）选中"渐进"复选框可在Web浏览器中逐步显示连续的JPEG图像，从而以较快的速度在网络连接较慢时显示加载的图像。

5．PNG发布设置

PNG是唯一支持透明度的跨平台位图格式。PNG发布设置选项卡如图7-19所示。

发布预览命令可以使发布的文件格式在默认打开的应用程序中打开预览，可以预览的文件格式类型是以"发布设置"对话框中的设置为基础的。

设置PNG属性

（1）打开动画文档，再选择"文件"→"发布设置"命令弹出"发布设置"对话框，选项"PNG"选项卡。

（2）在"尺寸"文本框中可以输入导出的位图图像的"宽度"和"高度"值，勾选后面的"匹配影片"复选框可使PNG图像和Flash动画大小相同并保持原始图像的高宽比。

（3）在"位深度"下拉列表框中可以设置导出的图像的每个像素的位数和颜色数。

（4）如果在"位深度"下拉列表框中选择"8位"，则要在"抖动"下拉列表框中选择一个选项来改善颜色品质。

（5）在"调色板类型"下拉列表框中可选择一个选项用于定义PNG图像的调色板。

预览发布效果的操作步骤为：

（1）选择【文件】→【发布预览】命令，在弹出的下一级子菜单中进行选择，如图7-20所示。

在这个子菜单中处于可选状态的选项，是在"发布设置"对话框中所选择的文件类型，可以分别预览设置好参数的不同格式的文件。

（2）在子菜单中选择要预览的文件类型，会显示"正在发布"进度条。

（3）发布完成，就可以预览动画发布效果，如果对效果满意，可以将该动画正式发布。

当制作完动画并对预览效果满意，就可以发布动画了。选择【文件】→【发布】命令，也会弹出"正在发布"进度条。默认情况下，发布完后的文件以所选的文件类型的扩展名保存在和源文件同一个目录下。

发布完成后，就可以脱离开Flash应用程序的编辑环境，在其他应用程序中播放或查看发布文件了。

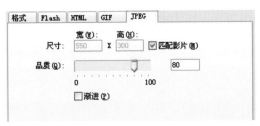

图7-18

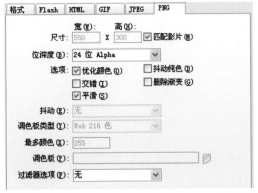

图7-19

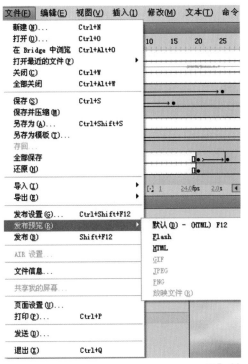

图7-20